职业教育公共素养系列教材

U0656366

耕读文化教育教程

主　编 ◎ 覃容飞　李彬彬　蒋福勇
副主编 ◎ 任智乾　邓业斌　王立颖
参　编 ◎ 陈　青　胡　霞　何　程　叶婷婷
　　　　　邓万超　赵　乐　刘　琳　朱奕啟
　　　　　陈华升　黎永秀

电子工业出版社
Publishing House of Electronics Industry
北京 · BEIJING

内 容 简 介

本书共五篇，分别为耕读文明篇、耕读经典篇、耕读榜样篇、耕读实践篇和耕读现代篇。本书以浸润"三农"情怀、扎根"三农"为关键，以培养躬耕精神为目标，既强化学生对耕读文化的学习，又把教育教学与农业生产实际相结合，有效实现传承中华农耕文化，弘扬农耕智慧，启智润心、勤耕重读，培养学生成为知农爱农的新型人才。

图书在版编目（CIP）数据

耕读文化教育教程 / 覃容飞，李彬彬，蒋福勇主编.

北京 ：电子工业出版社，2025. 6（2025. 8 重印）. —（职业教育公共素养系列教材）. — ISBN 978-7-121-50352-8

Ⅰ. S

中国国家版本馆 CIP 数据核字第 2025R7S316 号

责任编辑：游 陆

印　　刷：北京盛通数码印刷有限公司

装　　订：北京盛通数码印刷有限公司

出版发行：电子工业出版社

　　　　　北京市海淀区万寿路 173 信箱　邮编　100036

开　　本：787×1 092　1/16　印张：10　字数：256 千字

版　　次：2025 年 6 月第 1 版

印　　次：2025 年 8 月第 3 次印刷

定　　价：32.00 元

丛书编审委员会

（排序按笔画顺序）

陈世富　　邱少清　　佟建波　　莫荣军

赵彦鸿　　黄兹莉　　雷武逵　　陈宇前

莫慧诚　　蒋漓生　　瞿道航　　马翠芳

黄春燕　　张　伟　　班祥东　　吴建成

梁　志　　伍国樑　　李运光　　廖松书

　　耕读文明是中华民族文明史的重要组成部分。赓续农耕文明要以传承从农耕文化中提炼出的精神内涵和社会智慧对现代社会的启示和贡献为要义，系统性地发掘耕读文化的育人要素。耕读教育践行"亦耕亦读"，是弘扬耕读传家文化的重要抓手，也是各院校加强劳动教育的重要载体，具有树德、增智、强体、育美等综合性育人功能。

　　本书内容从耕读文明篇、耕读经典篇、耕读榜样篇、耕读实践篇到耕读现代篇，每一篇都有贴近生活的主题实践活动，目的是让学生了解耕读文化发展的历史，欣赏中华农耕文化的瑰宝。本书通过实践活动将理论与实践紧密结合，让学生走进农村、走近农民、走向农业，了解乡情民情，学习乡土文化，进而提高"学农知农爱农"的素养和专业实践能力。

　　本书具有较强的传承性、时代性、实用性，既适合涉农类院校作为耕读教育教材使用，也可供耕读文化爱好者参考学习。

　　本书的编写特点如下。

　　一是具有传承性。耕读教育是古代中国在长期的教育实践中形成的独具特色的教育理念和育人智慧。本书充分挖掘耕读教育的价值内涵，在讲述中华农耕文明的历史及传承的同时，挖掘传统耕读文化在现代焕发出的新的育人价值与意蕴，为传承农耕文化、培育具有"三农"情怀的乡村振兴人才开辟了新的路径。

　　二是具有时代性。在全面乡村振兴大背景下，编写本书旨在延续耕读教育的理念和文化精神，推动培养德智体美劳全面发展的新型人才。

　　本书由覃容飞、李彬彬、蒋福勇担任主编，由任智乾、邓业斌、王立颖担任副主编，参与编写的还有陈青、胡霞、何程、叶婷婷、邓万超、赵乐、刘琳、朱奕啟、陈华升、黎永秀。全书由覃容飞拟定编写提纲，并负责全书的组织协调，以及后续的内容修改、文字润色等工作。在编写过程中，农业领域专家、职教同行为本书贡献了智慧，对此深表感谢。

　　由于编者水平有限，书中难免存在不足之处，恳请广大读者提出宝贵意见，使之不断完善和提高。

编　者

CONTENTS 目 录 ● ● ●

耕读文明篇 ··· 001

　模块一　中华农耕文明 ·· 002
　　中华农耕文明的萌芽期 ··· 002
　　中华农耕文明的形成期 ··· 004
　　中华农耕文明的发展与兴盛期 ·· 004
　模块二　乡土民俗文化 ·· 012
　　物质民俗 ·· 012
　　语言民俗 ·· 022
　　风俗民俗 ·· 024
　模块三　农具农事节气 ·· 034
　　中国农具发展史 ··· 034
　　中国传统农事 ·· 037
　　中国二十四节气 ··· 043

耕读经典篇 ··· 048

　模块一　励学劝学 ··· 049
　　古代"励学劝学"思想 ··· 049
　　近代"励学劝学"思想 ··· 052
　　现代"励学劝学"思想 ··· 053
　模块二　家风家训 ··· 056
　　传统家风家训文化的发展演变 ·· 056
　　近代家风家训文化的发展 ··· 058
　　现代家风家训文化的发展 ··· 060
　模块三　修身养性 ··· 065
　　古代"修身养性"思想 ··· 065
　　新时代"修身养性"思想 ··· 069

耕读榜样篇 ··· 073

　模块一　耕读精神 ··· 074
　　什么是耕读精神 ··· 074

为什么需要耕读精神 ……………………………………………… 076
耕读精神经典榜样 ……………………………………………… 077
耕读精神的赓续与发展 ……………………………………… 082

模块二　工匠精神 ……………………………………………… 087
传统手工业时期的工匠 ……………………………………… 087
工业时期的工匠 ………………………………………………… 091
工匠精神的演变 ………………………………………………… 092

模块三　劳模精神 ……………………………………………… 097
中华人民共和国成立初期的劳模精神 …………………… 097
改革开放到 21 世纪初的劳模精神 ………………………… 101
21 世纪以来的劳模精神 …………………………………… 104

耕读实践篇 ……………………………………………………… 109

模块一　"耕读教育"劳动实践 ………………………………… 110
新时代劳动教育 ………………………………………………… 110
劳动实践的类型及内容 ……………………………………… 113

模块二　"耕读教育"社会实践 ………………………………… 121
社会实践概述 …………………………………………………… 121
服务性社会实践 ………………………………………………… 124

模块三　"耕读教育"产业实践 ………………………………… 129
产业实践概述 …………………………………………………… 129
产业生产实践 …………………………………………………… 131

耕读现代篇 ……………………………………………………… 138

模块一　农业科技发展 ………………………………………… 139
农业科技发展的探索期 ……………………………………… 139
农业科技发展的发展期 ……………………………………… 140
农业科技发展的跨越期 ……………………………………… 141

模块二　创新创业教育 ………………………………………… 145
创新创业教育概述 …………………………………………… 145
中职学生如何提升创新创业能力 ………………………… 146
耕读教育与创新创业的融合 ………………………………… 147

耕 读 文 明 篇

篇·章·导·读·

　　在漫长的人类历史长河中，我国创造出了灿烂悠久、博大精深的农耕文明。源远流长的农耕文明承载着中华民族勤劳质朴、艰苦奋斗、勇于拼搏、尊重自然的价值观念和精神风貌，彰显着中华民族的智慧结晶和精神追求。建设农业强国要立足农耕文明的历史底蕴，推进有中国特色的农业强国建设，必须立足农耕文明的历史底蕴，系统挖掘农耕文化深层价值，积极探索乡村文化振兴，加强农村精神文明建设，从优秀农耕文化中汲取乡村振兴的精神力量。

模块一

中华农耕文明

前言导读

中国是世界农业文明发祥地之一，中国农业发展约有一万年的历史，中国的农业经历了漫长的演变和创新，中华大地的先民从采集、狩猎到农耕文明的演变过程，是社会、经济和文化相互影响和促进的过程，展示了中国人民的智慧和创造力，为中国古代文明的辉煌做出了重要的贡献。本模块内容将概述中华农耕文明的发展历程，从原始农业时代到古代农业文明的崛起，以期更好地理解中国农业的历史和文化。

知识导航

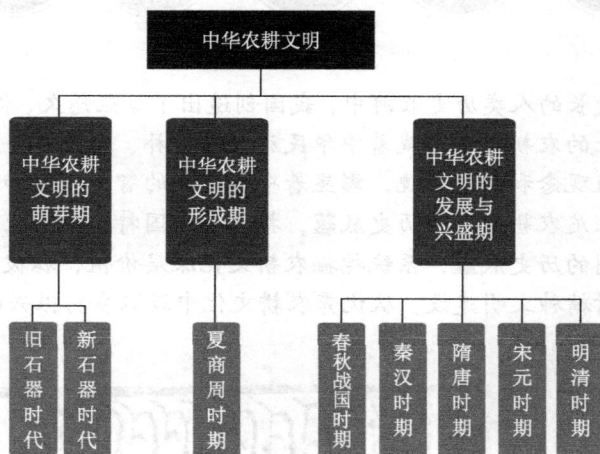

主体内容

中华农耕文明的萌芽期

（一）旧石器时代

旧石器时代距今约 300 万年，是以使用打制石器为标志的人类物质文明发展阶段，生产工具主要是打制石器（图 1-1-1）和木棒，骨、角、蚌质的工具较少。北方地区以小型石片石器为主，个别地区出现发达的细石器工艺；南方地区以大型块状毛坯或砾石制成的石器为主。

旧石器时代的人类经济活动，主要是通过采摘、狩猎或捕捞获取食物。当时人们群居在山洞里，或群居在树上，以一些植物的果实、坚果和根茎为食物，同时集体捕猎野兽、捕捞河湖中的鱼蚌来维持生活。在石器时代早期，人类开始形成小型社群，这些社群有几十人到几百人不等。这些部落通常由亲属关系、族群或共同经济利益等因素联系在一起。石器时代的群居部落通常没有固定的居住地，随着资源的枯竭或环境变化，他们会迁徙到其他地方。这种游牧生活使得部落成员接触到更广阔的领域，拓展了他们的经济和社会往来。

图 1-1-1　打制石器

（二）新石器时代

新石器时代大致从一万多年前开始，至公元前 2000 年左右结束，主要标志是农业、家畜饲养、磨制石器和陶器（图 1-1-2）的出现，生产、生活及精神文化领域都取得了长足的发展，先民最终跨入阶级社会的门槛。我国农业产生于旧石器时代晚期与新石器时代早期的交替阶段，距今有 1 万多年的历史。人们在长期的实践中逐渐掌握了农业生产的技术，开始了以种植谷物为主的农业生产，这标志着中国的农耕文明正式开始了其漫长的历程。

图 1-1-2　磨制石器与陶器

在旧石器时代文化发展的基础上，先民的经济结构、社会组织结构、文化结构都发生变革，农业、家畜饲养、磨制石器、陶器、营建房屋等，相继起源并逐渐发展起来。生产性经济趋于主导地位，狩猎采集经济沦为辅助性经济，且前者在社会生产部门中所在占的比重越来越大。我国古人是在狩猎和采集活动中逐渐学会种植作物和驯养动物的。古人为什么发明了"农业"这种生产方式？学术界目前比较有影响的观点是"气候灾变说"。距今约 12000 年前，出现了一次全球性暖流。随着气候变暖，大片草地变成了森林。原始人习惯捕杀且赖以为生的许多大中型食草动物突然减少了，迫使他们转向平原谋生。在漫长的采集实践中，他们逐渐认识和熟悉了可食用植物的种类及其生长习性，于是便开始尝试种植。这就是原始农业的萌芽。

农业之所以被发明的另外一种可能是，在这次自然环境的巨变中，原先以渔猎为生的原始人，不得不改进和提高捕猎技术，长矛、掷器、标枪和弓箭的发明，就是例证。捕猎技术的提高加速了捕猎物种的减少甚至灭绝，迫使人类从渔猎为主转向以采食野生植物为主，并在实践中逐渐懂得了如何培植、储藏可食植物，以及如何驯养动物。

中华农耕文明的形成期

在原始农业阶段，最早被驯化的作物有粟、黍、稻、菽、麦及果菜类作物，被驯化饲养的"六畜"有猪、鸡、马、牛、羊、狗等，还发明了养蚕缫丝技术。原始农业的萌芽，是远古文明的一次巨大飞跃。由石头、骨头、木头等材质做成的工具，是这一时期生产力的标志。

夏商西周时期

夏商西周时期是中国古代农耕文明的重要发展阶段。夏、商、西周是在原始社会瓦解的基础之上先后建立的三个奴隶制国家，农业生产已经逐步脱离原始社会状态，农业生产技术也得到了一定的发展，生产工具、耕种栽培、田间种植管理等方面都有了新的发明和创造，进入了协田耦耕的时代。

在夏朝时期，农业生产逐渐成为人民的主要生计来源，人们开始使用犁耕地。在商朝时期，人们已经掌握了大规模的灌溉技术，使得农业生产更加高效。

考古发现和研究表明，我国青铜器的起源可以追溯到大约 5000 年前，此后经过千年的发展，到距今 4000 年前青铜冶铸技术基本形成，从而进入了青铜时代。在中原地区，青铜农具在距今 3500 年前后就出现了，其实物例证是河南郑州商城遗址出土的铜器以及铸造铜器的陶范。从石器时代过渡到金属时代，发明了冶炼青铜技术，出现了青铜农具，原始的刀耕火种向比较成熟的饲养和种植技术转变。

大禹治水的传说，反映人类利用和改造自然的能力有了很大提高。这一时期的农业技术有划时代的进步，垄作、中耕、治虫、选种等技术相继发明。为适应农耕季节需要创立的天文历——"夏历"，使农耕活动由物候经验上升为历法规范。商代出现了最早的文字——"甲骨文"，标志着新的文明时代的到来。这一时期，农业已发展成为主要产业，原始的采集狩猎经济退出了历史舞台。这是我国古代农业发展的第一个高潮。

中华农耕文明的发展与兴盛期

春秋战国至秦汉时代（公元前 7 世纪～公元 3 世纪），是我国社会生产力大发展、社会制度大变革的时期，农业进入了一个新的发展阶段。这一时期农业发展的主要标志是，铁制农具的出现和牛、马等畜力的使用。我国传统农业中使用的各种农具，多数也在这一时期发明并应用于生产。目前还在使用的许多耕作农具、收获农具、运输工具和加工农具等，大都在汉代就出现了。这些农具的发明及其与耕作技术的配套，奠定了我国传统农业的技术体系。

（一）春秋战国时期

春秋战国时期（公元前 770 年—公元前 221 年）是中国社会大变革和科技文化大发展时期。炼铁技术的发明标志着新的生产力登上了历史舞台，铁农具和畜力的利用，推动了农业生产的大发展。在这个阶段，中国的农业发展经历了几个重要的突破点，如铁制农具和畜力的使用、水利工程的兴修、作物品种的引种和传播、农业科技的创新和普及等，使得中国的农业生产水平和规模不断提高，为中国的社会稳定和经济繁荣奠定了坚实的基础。

根据有关资料考证，我国在春秋时期就已经掌握了冶铁技术。在初期阶段，铁的质量和数量都得不到保证。但相较于之前的铜制武器，铁制武器的杀伤力更胜一筹。因此春秋早期铁主要被用来制造武器，铁制农具只是零星出现。农具的主要材质还是木头、骨头等。后来随着冶铁工艺的逐渐完善，铁的产量有了很大的提高。各国也因乱战而对农业产生了更高的需求，铁制农具开始大量出现（图 1-1-3）。到了战国时期，铁制农具已逐渐取代了其他材质的农具。

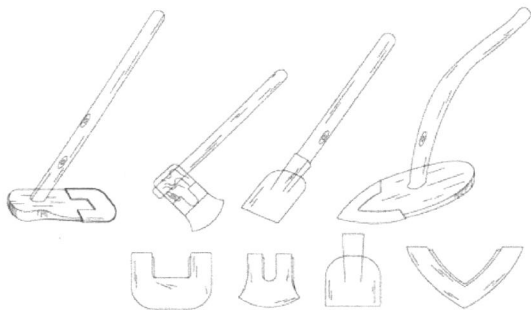

图 1-1-3　铁制农具

春秋战国时期，各诸侯国之间战争频发，连年的战争导致各国人口大量减少。人口的减少又严重威胁到农业生产，各国迫切需要更先进的农业生产力。这时人们大量养殖的牛因其自身的特性开始逐步进入农业，为农业生产提供更长期稳定的动力。牛耕渐渐取代耦耕。到了战国时期，牛耕已得到广泛的应用（图 1-1-4）。

图 1-1-4　牛耕的应用

（二）秦汉时期

在汉代，黄河流域中下游地区基本上完成了金属农具的普及（图 1-1-5），牛耕也已广泛实行。中央集权、统一的封建国家的建立，不时兴起的大规模水利建设，使农业生产率有了显著提高。生产力的发展促进了社会制度的变革。

图 1-1-5　汉代的耧车

1. 作物

在秦汉至魏晋南北朝时期（公元前 221—公元 589 年），古代农业得到进一步发展。尤其是公元前 138 年西汉张骞出使西域，打通了东西交流的通道后，很多西方的作物引入了我国。据《博物志》记载，在这个时期，至少胡麻、蚕豆、苜蓿、胡瓜、石榴、胡桃和葡萄等从西域引到了中国。另一方面，由于秦始皇和汉武帝大举南征，我国南方和越南特产的作物的种植区域迅速向北延伸，这些作物包括甘蔗、龙眼、荔枝、槟榔、橄榄、柑橘、薏苡等。北朝贾思勰所著的《齐民要术》是我国现存最早的一部完整农书，书中提到的栽培植物有 70 多种，分为四类，即谷物、蔬菜、果树和林木。

2. 农具

汉代农具种类已较完备，并有不少新型的农具出现。例如，在汉代至魏晋的壁画和画像砖石刻中有不少"牛耕图"（主要是东汉时期的）。完整的汉犁，除了铁铧外，还有木质的犁底、犁梢、犁辕、犁箭、犁衡等部件。犁底（犁床）较长，前端尖削以安铁铧，后部拖行于犁沟中以稳定犁架。犁梢倾斜安装于犁底后端，供耕者扶犁推进之用。犁辕是从犁梢中部伸出的直长木杆。犁箭连接犁底和犁辕的中部，起固定和支撑作用。犁衡是中点与犁辕前端连接的横杆。以上各部件构成一个完整的框架，故中国传统犁又称"框形犁"。这种犁用两头牛牵引，犁衡的两端分别压在两头牛的肩上，即所谓"肩轭"。这种牛耕方式俗称"二牛抬杠"。

（三）隋唐时期

隋朝的统一，结束了分裂割据的局面，为农业生产的发展提供了和平的环境。经济上，隋唐两代基本上继承了北魏的均田制，并实行了一些改革，固定徭役、轻徭薄赋、保证农时，提高了农民的生产积极性；同时唐朝鼓励农民兴修水利，改进生产工具，大量开垦荒地，从而推动了农业生产的发展。农业的快速发展，带动了各行各业的发展，唐代的封建经济呈现出一番新的气象。从"贞观之治"到"开元盛世"，中国封建社会呈现出前所未有的盛世景象。

在农业生产方面，据史料记载，隋朝建立仅十二年时，就已"库藏皆满"。唐代杜佑曾言：

"隋氏西京太仓，东京含嘉仓、洛口仓，华州永丰仓，陕州太原仓，储米粟多者千万石，少者不减数百万石。天下义仓又皆充满。京都及并州库，布帛各数千万"。以致唐朝建立二十年后，隋朝所留库藏尚未用尽。唐朝农业生产继续得到发展，开元、天宝年间"耕者益力，四海之内，高山绝壑，耒耜亦满。人家粮储，皆及数岁。太仓委积，陈腐不可较量"。天宝八年（公元 749 年），政府仓储粮食约达一万万石。唐政府因而不断修筑和扩大隋代所兴建的仓窖。以含嘉仓为例，据考古工作者的发掘和探查，该仓的粮窖 259 个之多。在已发掘的 6 个窖中，其中一个尚留存有大量炭化的谷子，据此推测，此容储粮在 50 万斤左右。由这些可看出含嘉仓所储藏的粮食之多，也反映了隋、唐农业生产的盛况。

在农田的水利和灌溉方面，隋唐时期农田水利的发展大致经历了两个阶段，先是中唐以前，北方水利的复兴，其次是中唐之后，南方水利的持续发展。中国北方的农田水利建设自西汉达到高潮之后，开始走向衰落，然而，中唐以前，北方的农田水利又进入到了一个复兴时期，水利建设遍及黄河流域及西北各地，西汉时期的水利工程几乎全部恢复，并修建了一些新的灌区。最突出的是引黄灌溉的成功和关中水利的恢复。隋唐建国之后，关中又成为京畿之地，政府对于关中水利颇为关心，如隋开皇元年（公元 581 年）都官尚书元晖奏请引杜阳水灌三畤原，由李询主持，工程完成之后"溉舄卤之地数千顷，民赖其利"。唐立足关中之后，"凡京畿之内，渠堰陂池之坏决，则下于所由而后修之"，并设专官，主持关中水利的修治与管理。

最后是隋唐新型农具的产生与应用，隋唐时期在江东地区出现了曲辕犁，至此我国耕犁已相当完善，一直为后世沿用。除曲辕犁外，当时南方稻田耕作农具还有耙、礰礋和碌碡。《耒耜经》上说："耕而后有耙，渠疏之义也，散坺去芟者焉，耙而后有礰礋焉，有碌碡焉。自耙至礰礋皆有齿，碌碡觚棱而已，咸以木为之，坚而重者良，江东之田器尽于是。"曲辕犁等农具的出现标志着传统的南方水田耕作技术体系的初步形成（图 1-1-6）。

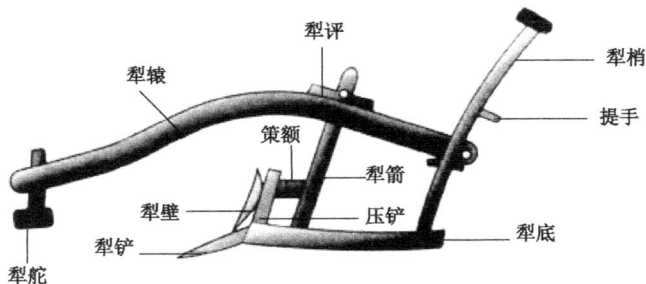

图 1-1-6　曲辕犁结构示意图

（四）宋元时期

宋代以后，南方地区形成了一年两熟制或一年三熟制，以铁犁牛耕为主要方式，以家庭为单位，自给自足，实行土地私有制。占城稻引种的实现，提高了水稻的产量，不抑制土地兼并，租佃关系（地主把土地租给佃户耕种，收取地租作为收益）有了较大发展，仅次于自耕农形式，传统农业取得突飞猛进的发展，水稻种植面积不断扩大，精耕细作的集约化经营，从事个体小商品生产，为商业发展提供了广阔的空间。

宋元时期，农业生产又发展到了一个新的水平，人口的增加不仅仅是农业生产发展的表现，同时它又给农业带来了极大的压力。这种压力直接表现为耕地不足，出现了"田尽而地，地尽而山，山乡佃民，必求垦佃，犹不胜稼"的局面。一些耐旱涝作物品种为山川湖泊的开发利用提供了一定的可能性，宋元时期的土地利用形式有梯田、架田等几种。

　　宋元时期，农作物的种类也有所增加，其中荞麦和蜀黍（高粱），油料作物中的油菜就是这一时期新增的种类。唐代以前，荞麦的种植并不普遍，从唐代才开始普及。而高粱虽然在魏晋时期就已经可能进入中国，但仅局限于边疆地区种植，农书记载高粱栽培始见于《务本新书》。供食用、做饲料是秸秆的多种杂用，强调高粱的利用价值，这种不见于以前农书的新杂粮，在此时已为人们所重视。除此以外，高粱还以其"茎高丈余"的优势，广泛种植以保护其他农业生物。宋元时期，由于稻作的流行，一大批与稻作有关的农具相继出现，耖的普及（图1-1-7），标志着水田整地农具的完善。在此期间，还出现了不少与水田有关的农具，如耘爪、耘耥、薅鼓、田漏等，因此，也就出现了掼稻簟、笐和乔扦等晾晒工具。传统南方水田稻作农具至此已基本出现，并配套定型。

图1-1-7　耖

（五）明清时期

1. 明清时期农业的深入发展

　　明清时期，随着人口的不断增加，土地利用又得到了深入的发展。与水争田和与山争地，仍然是明清时期土地利用的主要途径，不过争田、争地的范围又有所扩大，主要的区域已由原来的长江下游发展到了长江中游，甚至于长江上游和陕西地区。其中最有名的当属湖广一带的垸田（即圩田），垸田的开发，使得两湖地区成了新的谷仓，以至于在明清时期有"湖广熟，天下足"的说法。在与水争田、与山争地的同时，人们还加紧了对盐碱地、冷浸田、海涂、低产田等的改良和利用，著名的陇中砂田就是在这个时期形成和发展起来的。土地利用的深入发展还促进了桑基鱼塘的形成和发展。

2. 新作物的引进

　　明清时期，甘薯最初是从福建和广东两省传入中国的。甘薯引进后，首先在闽粤部分地区得到推广，十七世纪初，甘薯由福建引种到了长江流域，到十八世纪前期，长江流域许多省都已有甘薯栽培，出现了"高山海泊无不种之，闽、浙贫民以此为粮之半"的局面。与此同时，甘薯也开始传到了北方黄河流域地区。和甘薯相比，玉米的引进可能要更加早一些，明嘉靖三十九年（1560年）甘肃《平凉府志》中就有关于"番麦"的记载，就其对番麦所作的植物学形态的描述，可知番麦即玉米，证明至迟到十六世纪中期，玉米已传入到中国。

马铃薯也是明清传入的新作物之一。传入之后各地叫法不同，有称洋芋、阳芋，也有称马铃薯、山药蛋。马铃薯传入中国的确切时间和路径待考，一般认为是多次、多途径的。最早见于记载的是康熙时期（1700年）福建《松溪县志》。有关资料见于方志的仅六十多种，远少于本期其他引进作物。经统计分析，马铃薯种植分布之处多为贫瘠冷凉山区。

3．土地政策

万历九年（1581年），张居正在清丈全国土地的基础上下令在全国推行一条鞭法。主要内容是：把一切征项包括田赋、徭役、杂税等合并起来编为一条征收，化繁为简；把过去按丁、户征收的力役改为折银征收，称为户丁银，户丁银摊入田赋中征收。到雍正年间，又在这一基础上进行重大改革，实行"摊丁入亩"，又称地丁合一、丁随地起，通称地丁。这是中国封建社会后期赋役制度的一次重要的改革。

耕读故事

神农尝百草

上古时候，人不知道种庄稼，只是靠打猎、捕鱼、吃野果过日子。那时有个聪明人，饿肚子了，正想出外打獐猫鹿兔，不料下了大暴雨，没法出去。这个聪明人饿得实在难受，就在洞外野草丛中摘草种子煮着吃。吃了几大把，肚子还真就不饿哩！他把这事告诉大伙，大伙也就摘野草种子来吃，还就真的管用。后来，大家就把这几样好吃的野草种子叫作"粮食"；那个聪明人，被人尊称为"神农"。

一天，神农因为贪吃粮食太多，肚子胀得像大鼓。他想：这野草既能治饿病，难道就不能治胀病吗？他就去找野草和野果子吃，来治胀病。他七吃八吃，后来给他找到了山楂果和萝卜子治消了饱胀。有一次，他头疼睡不着觉，又去找野果子吃，看到合欢树（又称夜合树）对生的叶片、白天张开，夜里合拢。他就想喽，我的眼睛要是能像这树叶一样，白天睁开看东西，夜里就合起来睡觉，那多好呢！他动手砍一块合欢树皮熬水喝，这还真的睡着觉哩！

后来，神农要是觉得身体哪里不舒服，就去尝草治病，还把能治病的草告诉大家，他尝了几百种草，为自己和别人治好了许多疾病。传说神农头上还长只神角，要是尝到毒草，觉得肚子里难受，他就低下头把神角朝地里一插，马上就可以解毒。此后，神农尝百草的传说就流传开来了。

燧人氏击石取火

据说，很古很古的时候，商丘这地方是一片山林，燧人氏当了皇帝之后就住在这里。那时，人们靠猎取禽兽、吃生肉喝生血充饥，燧人氏经常带领人们四处打猎。

有一次，山林里突然失了火。火灭之后，有许多被烧死的禽兽，皮被烧焦了，肉被烧熟了，燧人氏捡起来一尝，真香！于是，他带领大家一下子把烧死的禽兽吃个精光。熟肉吃完了，他们只得重新去打猎，仍然吃生肉喝生血。这时候，大家觉得生肉生血没有熟的好吃，都盼望再来一场大火。

一天，从空中飞过来一只大鸟，扇着翅膀落在燧人氏的面前。大鸟说："太阳宫里有火，我带你去吧。"燧人氏很高兴，骑着大鸟上了太阳宫。

太阳公主对燧人氏说："你是人间的帝王，太阳宫里的东西随你挑，你要什么，我就给你什么。"燧人氏说："我什么也不要，只要火。"太阳公主说："好吧，给你一块生火的宝石，带回去吧！"说着捡了一块石头，递给燧人氏。

燧人氏接过宝石，高高兴兴地骑着大鸟回到了人间。

燧人氏把宝石放在一个地方，等着它生出火来。可是一天天地过去了，怎么也不见那宝石生火。燧人氏望着面前的宝石说："原来太阳公主骗人呢！你这宝石既然不会生火，我还要你干什么？"他抓起那块宝石，使劲朝一块石头上摔去。这时，只听"嘭"的一声，火花四溅，燧人氏恍然大悟，接着就用击石的办法取火，成功了。从此，人们才开始把猎取的食物放在火上烤着吃。

燧人氏击石取火，为人们造了福，百姓都敬仰他。传说他活了一百多岁。死后，人们给他修了个大墓，至今还保存着。

大舜耕田

从前山里住着一户人家。母亲为人懦弱，儿子大舜，脾性暴躁，年近四十，还未婚配。母子相依度日。

大舜耕田，母亲送饭经常遭到儿子的打骂，不是怪她送早了，就是怪她送迟了。每次送饭，他的母亲都提心吊胆。一天，大舜在一块大田里犁田，突然犁出了一个耗子窝，窝里有八九个娇嫩的小耗子，闭着眼睛，在犁乱了的大草窝里滚来滚去。大舜看着这群嫩耗子，不但不伤害它们，反而起了怜惜之心，于是停下牛，搁住犁，看着那群耗子。一会儿来了两个大耗子，一只把嫩耗子卷成一坨，另一只咬住这只大耗子的尾巴，艰难地把一坨耗子拖走了。大舜看得呆了，心想，耗子这样渺小的动物，是这样有感情，这样心疼自己的儿女，母亲把我拉扯大，花了多少心血啊！母亲送饭或早或迟，都要遭到我打骂，我连耗子都不如啊！他越想越伤心，竟流出泪水来。他想，我现在知错就改，也不枉披了张人皮。

不多时，母亲送饭来了，他忙停住牛，面带笑容老远地去接，他仓促中，没有放下打牛的条子：哪知母亲被儿子打怕了，看见儿子拿着条子老远向自己走来，吓得回头就跑，大舜怕母亲跌倒，就大声喊着，快步追去要扶住母亲。母亲看见儿子吼着追来，更是慌张，一失脚滚到岩下丧了命。大舜见慈母已死，悲痛已极，扑在母亲身上，放声大哭。

他安葬了母亲，为了表达自己对母亲的追悔，他请了个技艺精湛的雕匠，雕了母亲的像。每天出工收工，都背着"母亲"；吃饭时，先舀一碗献给"母亲"，以示孝敬。

挞谷季节，大舜忙着收割，就把"母亲"背起放在晒谷场上，手里拿着扒扒，头上戴着草帽，就像母亲生前看谷吆鸟的样子。一天，忽然天上起满了乌云，霎时雷打得震天响，紧接着就是倾盆大雨。大舜正在忙活路，见天色骤变，急忙跑到晒坝。先抢谷子，还是先背"母亲"？他想，没有母亲就没有我，哪有先抢谷子的道理！他背起"母亲"就往家跑。当他把"母亲"安放在家里又来抢谷子时，一会儿天就晴了。太阳把刚才打湿的谷子重新晒干了，原来是雷公菩萨来试大舜的心。雷公菩萨亲见大舜先抢"母亲"，感到他真有孝心，所以没有惩罚他。大舜死后，人们传颂着大舜耕田的事迹，都说大舜知错能改，仍然算是个孝子。

知识拓展

伏羲氏的传说

伏羲氏，是中国神话传说中的人类始祖，他教民结网，从事渔猎畜牧，由于他参与并指导了人们大量的各类社会实践活动，又有宓羲，包牺（羲），庖羲、皇羲的叫法，还有的说伏羲就是太皞。相传伏羲与女娲为夫妻。

模块二

乡土民俗文化

前言导读

　　乡土民俗文化是广义民俗文化层中最具地域特色和最具民族特色的行为文化，所有的乡土民俗事项都与地域文化、民族文化等有着密切联系，不同地域不同民族的乡土民俗文化都存在差异性。乡土民俗文化表现形式各不相同，但都从不同层面反映其处世态度、价值观念和行为习惯等。本模块从物质民俗、语言民俗和风俗民俗三个层面分别阐述我国的乡土民俗文化。

知识导航

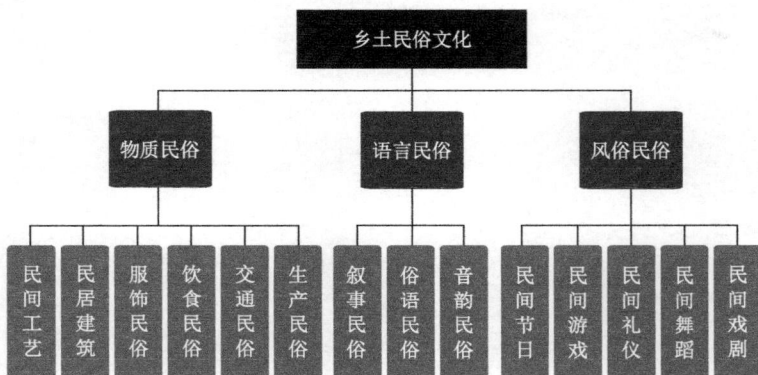

主体内容

物质民俗

　　物质民俗指的是以有形的、看得到的物质的形式传播的民俗事项的总称。主要包括民间工艺、民居建筑、服饰民俗、饮食民俗、交通民俗、生产民俗等。

　　（一）民间工艺

　　民间工艺是一种源自民间、由广大民众创造并传承下来的手工技艺，具有独特的地方色彩和历史底蕴，这种艺术形式不仅美观，而且实用，体现了民众的生活方式和文化价值观念。民间工艺涵盖了多种艺术和手工艺，如剪纸、年画、刺绣、文房四宝、中国结、陶瓷、泥塑、风筝等。

　　1. 剪纸

　　剪纸又叫"刻纸""窗花""剪画"（图 1-2-1），是一种流行于中国民间的镂空艺术，其在视觉上给人以透空的感觉和艺术享受。通常使用纸张、金银箔、树皮、树叶、布、皮、革等片状材料来裁剪。民间剪纸通常把一个或多个物象进行组合，以象寓意、以意构象，再用比兴的手法创造出多种吉祥物，把约定俗成的形象组合起来表达人们对美好生活的追求。特别是在农村，人们以剪纸来表达吉祥如意的心愿。在春节时，人们便把各种寓意祥瑞的剪纸贴在窗格上，营造出喜庆祥和的气氛。

图 1-2-1 剪纸

2．年画

年画是春节期间用来装饰生活环境和居所的一种装饰画（图 1-2-2）。年画起源于"门神"。据《山海经》载称：唐太宗李世民生病时，梦里常听到鬼哭神嚎之声，以致夜不成眠。这时，大将秦叔宝、尉迟恭二人自告奋勇，全身披挂地站立宫门两侧，结果宫中果然平安无事。李世民认为两位大将太辛苦了，心中过意不去，遂命画工将他两人的威武形象绘制在宫门上，称为"门神"。东汉蔡邕在《独断》中记载，汉代民间已有门上贴"神荼""郁垒"神像，到宋代演变为木版年画。后来，民间争相效仿，几经演变，形成了自己的独特风格，便是现在的年画了。1949 年中华人民共和国成立后，年画发展进入了一个新阶段——石版印刷和胶版印刷。这时各种年历和装饰画，仍大量采用传统年画的形式，如造型、构图和色彩等。

图 1-2-2 年画

3．刺绣

刺绣，也称为"针绣""丝绣"，是一种使用针线在织物上创建各种装饰性图案的手工艺，在中国有两三千年历史，在古代因多为妇女所作，还称"女红"（图 1-2-3）。民间名绣有京绣、鲁绣、汴绣、瓯绣、杭绣、汉绣、闽绣等，其中汉绣主要有苏绣、湘绣、蜀绣和粤绣四大名绣，而我国的少数民族也都有自己特色的民族刺绣，如苗绣、壮绣等。刺绣针法有齐针、套针、扎针、长短针、打子针、平金、戳沙等几十种。刺绣材料有绣布、绣针、绣线、绣绷和消色笔，以及一些辅助工具和材料，如剪刀、锥子和织物等。绣品常用于生活服装，歌舞或戏曲服饰、台布、枕套、靠垫、帽子、裹肚、门帘、鞋垫、床围、针线包、荷包等生活日用品及屏风、壁挂等陈设品，其内容多为花鸟虫鱼和风俗画面。

图 1-2-3　刺绣

4. 文房四宝

文房四宝是指中国文人书房中的笔、墨、纸、砚这四种基本文具（图 1-2-4）。笔是用于书写和绘画的，通常由竹子或动物毛发制成；墨，其原始形态是天然的，后来发展出用松烟和漆烟等制成的墨块；纸的种类繁多，包括用丝、麻、竹等材料制成；砚台是用于研磨墨块的石头，通常选用质地细腻的石材制成。文房四宝是中国独有的文书工具，不仅具有实用价值，也是融绘画、书法、雕刻、装饰等为一体的艺术品。

图 1-2-4　文房四宝

5. 中国结

中国结是一种源远流长的手工编织工艺品，其历史可以追溯到旧石器时代，最初主要用于缝衣打结，后来发展成为汉族文化中的一种重要装饰艺术品（图 1-2-5）。因为其以"结"为基本结构形式，外观对称精致，亦符合中国传统装饰的习俗和审美观念，故命名为"中国结"。中国结的样式繁多，包括双钱结、纽扣结、琵琶结、团锦结、十字结、吉祥结、万字结、盘长结、藻井结、双联结、蝴蝶结、锦囊结等，每一种结式都有其独特的寓意，如用"吉字结""馨结""鱼结"结合就成为"吉庆有余"的结饰品，以"蝙蝠结"加上"金钱结"，可组成"福在眼前"等。中国结不仅代表着团结、幸福和平安，而且其精致的手工艺深受大众喜爱。中国结被视为一种重要的文化符号，代表着中华民族的传统和智慧。

图1-2-5　中国结

6. 陶瓷

陶瓷分为陶器和瓷器，是我国的一种工艺美术品，质高形美，具有很高的艺术价值，闻名于世界。江苏宜兴紫砂陶、云南建水紫陶、广西钦州坭兴陶（图1-2-6）、重庆荣昌安富陶是中国四大名陶。陶与瓷的质地不同，性质各异。陶器主要由黏土制成，质地不透明，含有细微气孔，具有一定的吸水性；而瓷器则是由黏土、长石和石英等制成，具有半透明的特性，不吸水且抗腐蚀，胎质坚硬紧密。陶瓷广泛应用于日常生活、化学工业、电气工程和建筑等多个领域。

图1-2-6　广西钦州坭兴陶

7. 泥塑

泥塑俗称"彩塑""泥玩"，是以细腻的黏土塑成各种人物、动物形象的一种民间手工艺品。泥塑发源于宝鸡市凤翔县，流行于陕西、天津、江苏、河南等地。它以泥土为原料，以手工捏制成形，或素或彩，以人物、动物为主。泥塑种类繁多，各具特色，如北方天津"泥人张"以写实为特色，强调人物造型和色彩装饰的逼真性；南方无锡惠山泥人分为供儿童玩耍的"要货""大阿福"（图 1-2-7），以及以戏曲人物为主要题材的"手捏戏文"，还有南京泥人、凤翔彩绘泥塑、高密泥塑、浚县泥塑、潮汕泥塑、宜宾面塑等，反映了中国民间艺术的多样性和丰富性。

图 1-2-7　大阿福

8. 风筝

风筝是用竹子、纸或绢制成的玩具。古时风筝在南方叫"纸鹞"，北方叫"纸鸢"。风筝最早出现于春秋时期，被称为人类最早的飞行器。经过汉、唐、宋、元等朝代的发展，已有二千多年的历史，是中国传统手工艺品的代表。风筝的主要流派有潍坊风筝（图 1-2-8）、南通板鹞风筝、拉萨风筝、北京风筝哈制作技艺和天津风筝魏制作技艺等，都是通过图案形象，给人以喜庆、吉祥如意和祝福之意。

图 1-2-8　潍坊风筝

（二）民居建筑

民居建筑是指中国各地居民自己设计建造的具有一定代表性、富有地方特色的民家住宅。最具特点的民居建筑有北京四合院、广东镬耳屋、潮汕下山虎、陕西窑洞、安徽的古民居、福建土楼、蒙古族的蒙古包、广西的"干栏式"和云南的"一颗印"等，其中客家围龙屋与北京四合院、陕西窑洞、广西的"干栏式"和云南的"一颗印"，被中外建筑学界称为中国民居建筑的五大特色之一。

1. 北京四合院

北京四合院是一种传统的中式住宅建筑形式，其特点是四面被房屋环绕，即东、西、南、北四个方向的房屋各自独立，都为一层，没有楼房，连接这些房屋的只是转角处的游廊，从空中鸟瞰，就像四座小盒子围合形成一个庭院，从平面上看基本为一个正方形（图 1-2-9）。这种建筑形式宽敞开阔，阳光充足，视野广大，在中国有着悠久的历史，不仅是北京居民居住建筑，更是北京历史和文化的重要组成部分，反映了北京地区的传统生活方式和建筑风格。

图 1-2-9　北京四合院

2. 广东镬耳屋

广东镬耳屋是岭南传统民居的典型代表，这种建筑特点包括瓦顶建龙船脊和其两边高耸的山墙顶端状似镬耳，因此得名"镬耳屋"（图 1-2-10）。镬耳屋一般为砖木结构，使用青砖、石柱、石板等材料建造。外墙通常印有花鸟、人物等图案，主要用于传统宗祠建筑、富贵人家民居及古村落。镬耳屋的内部格局通常为广东民居典型的"三间两廊"形式，具有空气流通、消暑散热的特点。镬耳墙呈锅耳形，讲究对称，象征着古代的官帽，寓意着"独占鳌头"，代表着官宦世家追求达官显贵的象征。最早只有取得功名的官宦人家才有资格在府邸中建造这种镬耳墙，显示了本族人鼓励子孙好读书出功名的愿望。

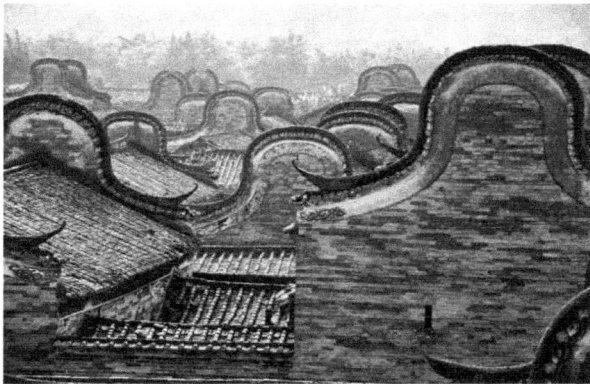

图 1-2-10　广东镬耳屋

3．潮汕下山虎

"下山虎"，是一种在潮汕地区普遍可见的建筑，又名为"爬狮"。因其建筑特点形如下山的老虎，因而得名"下山虎"（图1-2-11）。它以大门为嘴，两个前房为两只前爪，称"伸手房"，以后厅为肚，厅两旁的两间大房为后爪。总之，酷似浑身是颈，张开大口，吸纳天地精气，时时蓄势待发的狮虎。它的大门还被做成凹斗形式，使整个建筑成一个葫芦般的嘴阔、径窄（内门框）、肚大的富于变化的空间，以达到藏风聚气的目的。

图1-2-11　潮汕下山虎

4．陕西窑洞

窑洞，指的是就土山的山崖挖成的供人居住的山洞或土屋，是我国北部黄土高原上特有的居住形式（图1-2-12）。窑洞具有绿色环保、经济省钱、冬暖夏凉的优点，但是通风不好、体量有限、有地域性。窑洞可以划分为靠崖式窑洞、下沉式窑洞和独立式窑洞三种基本类型。靠崖式窑洞应用较多，一般是在黄土山坡的边缘建造，下沉式窑洞则是在平地掘出正方形或矩形地坑后再在内壁挖窑洞，独立式窑洞是以砖或土坯在平地仿窑洞形状箍砌的洞形房屋。窑洞因用途不同，名称也有所不同，有客屋窑、厨窑、羊窑、中窑、柴草窑、粮窑、井窑、磨窑、车窑等等。

图1-2-12　陕西窑洞

5．安徽的古民居

安徽的古民居大都采用砖木做建筑材料，周围建有高大的围墙，围墙内的房屋一般是三开间或五开间的两层小楼（图 1-2-13）。比较大的民居有两个、三个或更多庭院，院中有水池，堂前屋后种植着花草盆景，各处的梁柱和栏板上雕刻着精美的图案。座座小楼，深深庭院，就像一个个艺术的世界。

图 1-2-13　安徽的古民居

6. 福建土楼

福建土楼是一种独特的民居建筑，以其独特的建筑风格和坚固的结构而闻名（图 1-2-14）。福建土楼主要分布在福建省的南靖、永定、华安等地，这些建筑以生土为主要材料，并结合竹木和石头，结构上通常包括一层层交错夯筑的墙壁，以及用木料制成的墙骨和定型锚固件。福建土楼的形状多样，包括圆形、方形、半圆形、四角形等，其中最著名的当属圆形土楼。2008 年，南靖土楼以其独特的建筑风格和坚固的结构而被誉为"是东方血缘伦理关系和聚族而居传统文化的历史见证"，被列入世界文化遗产名录。

图 1-2-14　福建土楼

7. 蒙古族的蒙古包

蒙古包是蒙古族牧民居住的一种传统圆形帐篷，具有悠久的历史和独特的文化意义（图1-2-15）。蒙古包的结构包括木架、毛毡和绳索，外部覆盖着羊毛毡，具有很好的保暖性能，内部使用面积大，空气流通和采光条件好，适应草原地区游牧生活的需要，而且易于拆卸和搭建，方便牧民随季节变化向水草丰茂的地方迁移。蒙古包的形状呈圆形，由木杆和牛皮绳构成的支架支持，顶部覆盖着伞骨状的圆顶，侧壁由数块网状木条和毛毡组成，这种设计不仅便于搬迁，而且能够适应草原多变的气候条件。

图1-2-15 蒙古包

8. 广西的"干栏式"

广西的干栏式建筑主要分布在广西中西部、云南东南部、贵州西南部等地区，是典型的少数民族巢居式建筑（图1-2-16），也是中国五大传统民居之一。这种建筑底部架空，使用数十根木柱支撑楼上的重量，四周不设墙，这种设计有利于通风排热，同时可以防潮和防野兽。一般分为三层，最下层通常用于饲养家禽和放置农具，中间层是居住空间，包括厨房、寝室等，上层则用于存放粮食和其他物品。干栏式建筑在建筑布局、整体结构及其功能特征上反映了劳动人民对自然环境的适应能力，如正堂屋设神台，板壁雕饰花鸟虫鱼等图案。

图1-2-16 广西的"干栏式"

9. 云南的"一颗印"

在云南中部地区有许多这种形式的四合院住宅。三间四耳是最常见的宅制，即正房三间，左右各有两间耳房（厢房）。前面临街一面是倒座，中间为住宅大门。四周房屋都是两层，天井围在中央，住宅外面都有高墙，很少开窗，整个外观方方整整，如一块印章，所以俗称为"一颗印"（图1-2-17）。整座"一颗印"，独门独户，高墙小窗，空间紧凑，体量不大，小巧灵便，无固定朝向，可随山坡走向形成无规则的散点布置。

图1-2-17　云南的"一颗印"

（三）服饰民俗

服饰民俗，是民族个性特征的重要表现形式之一，主要指人们在穿戴、装饰方面所形成的礼仪风俗、行为习惯。服饰的产生和服饰民俗的形成与人类居住的环境、人们的生产、生活方式及文化传统关系密切。例如，生活在寒带和温带地区的居民，由于气候寒冷，服装样式变化多，制作复杂；生活在热带和亚热带地区的居民，由于气候温暖，服装样式变化少，缝制较简单。我国有56个民族，服饰各异，但无论服饰的样式及民俗多么复杂，最原始的样式也只有"围""披""套"三种简单的形式。"围"即将兽皮或布围在腰部，后发展成裙。"披"将兽皮或布披于肩背，后发展为披肩、斗篷。"套"是开洞套头的整片衣服，分布于身体的各部位。服饰按照穿戴部位，分为头衣、体衣、足衣和装饰四大部分。

（四）饮食民俗

饮食民俗是人们在饮食活动中长期形成并传承的风俗习惯。饮食风俗也被称为民间饮食或食俗，包括了在筛选食物原料、加工、烹制和食用食物过程中的所有风俗习惯。这些风俗习惯可以进一步细分为日常食俗、年节食俗、民族食俗、宗教食俗等。如春节有吃年糕、饺子、元宵的习俗和喝元宝茶、年酒的习俗；端午节有吃粽子、吃五色糯米饭、吃咸鸭蛋、饮雄黄酒的习俗。不同的地理环境也会造就不同的风俗习惯。比如南方地区气候温暖潮湿，物产丰富，因此南方人的饮食以米饭为主食，菜品以清淡、鲜美、嫩滑为主，注重色、香、味、形的搭配。而北方地区气候寒冷干燥，物产相对较少，因此北方人的饮食以面食为主食，菜品以浓郁、咸香、酥脆为主，注重实用性和饱腹感。

（五）交通民俗

交通民俗是指在交通设施和交通工具的创造及使用过程中产生的与交通有关的民间习俗与惯制。交通民俗具有地域性、神秘性、等级性和行业性的特点。例如，北方人骑马，南方人乘船；陆路有山神信仰，水路则有妈祖信仰。古代的交通设施和交通工具的使用有官大住大厅、官小住小厅的等级观念和制度。

（六）生产民俗

生产民俗是指一个国家、民族、特定地区或社会群体中的大众，在一定生态环境和生产过程中所创造、享用和传承的具有物质文化特征的事象。生产民俗主要反映人与自然的关系，贯穿于人类生产实践活动的全过程，主要包括农业、狩猎、游牧和渔业等，具体体现为人们在农业生产活动中形成的习俗和规范，如农具的制作和使用、耕种程序和方法、劳动组合等。

语言民俗

语言民俗又称民间语言、民俗语言，是在特定文化环境中形成的口头习用语汇及与之紧密相连的表达习惯、行为方式等。语言民俗主要包括叙事民俗、俗语民俗和音韵民俗三类。

（一）叙事民俗

叙事民俗指的是在传播的过程中，以散文叙事作为载体的模式来进行传播的过程。具体来看，主要包含民间神话、民间故事、民间传说。

1. 民间神话

民间神话是远古时期的人民所创造的，反映自然界、人与自然的关系及社会形态的具有高度幻想性的故事。这些故事通常包含超自然的元素，是古人对自然界不可理解现象的主观想象。著名神话传说有盘古开天辟地、女娲造人、伏羲画卦、神农尝百草、夸父逐日、雷泽华胥、西圣王母、精卫填海、北冥鲲鹏、千年应龙、羲和浴日、常羲沐月、后羿射日、嫦娥奔月、女娲补天等。

2. 民间故事

民间故事又叫"瞎话""古话""古经"等，内容广泛，包含童话、寓言、笑话及生活故事等，充满幻想和理想主义。创作者把自己的思想和感情融入民间故事中，通过故事表达一种观念和追求，引导人民弃恶扬善，净化心灵，用真心、真情去追求美好事物，是老百姓最直接的情感表达。我国著名的民间故事有聚宝盆、人参娃娃、百花仙子、马头琴、巧媳妇的故事、孔雀东南飞、汉献帝趣事、人心不足蛇吞象、皮匠驸马等。

3. 民间传说

民间传说是根据所发生的事，经过口头加工和文字记载而流传下来的一种具有传奇色彩的故事，通常以人物为中心，记叙他们的事迹或经历，表明人民对他们的评价。这些人物都是有名有姓的、有具体的时间和历史背景的，如著名作家、艺术家、工匠，以及一些非虚构的人物。我国著名民间传说有牛郎织女、梁山伯与祝英台、孟姜女哭倒长城、白蛇传、愚公移山、鲁班造桥、木兰从军、沉香救母、孔融让梨等。

（二）俗语民俗

俗语民俗指以短语、一句或几句话，或是利用一些具有描述性的词汇形式进行传播的民俗事项。例如，民间谜语、绕口令、谚语、打招呼用语、驳词、祝词等，下面举几个常见的俗语民俗例子。

1. 民间谜语

民间谜语是一种传统的文化娱乐形式，通常包含谜面和谜底，旨在通过巧妙的语言游戏来考验猜谜者的智慧。

（1）端午节相关谜语

谜面：端午（打一成语）。

谜底：一马当先。

解析："端"意为最前面；"午"排地支的第七位，属马。

（2）动物相关谜语

谜面：耳朵像扇子，鼻子大又圆，身子肥又矮，吃饱只会睡。

谜底：猪。

（3）食物相关谜语

谜面：壳生在山里，肉长在田里，绳绑在腰里，最后扔水里。

谜底：粽子。

以上谜语展示了民间谜语的多样性和趣味性，通过这些谜语，我们可以感受到中国丰富的文化和智慧。

2. 绕口令

绕口令又称"急口令""吃口令""拗口令"，是我国一种传统的语言游戏。它通过把一些常见的词语、短语或句子进行巧妙地组合和排列，使其变得难以快速清晰地读出，从而考验说话者的发音、语调和口齿。由于它是将若干双声、叠词词汇或发音相同、相近的语、词有意集中在一起，组成简单、有趣的语韵。

《螺蛳和骡子》："胡子担了一担螺蛳，驼子骑了一匹骡子。胡子的螺蛳撞了驼子的骡子，驼子的骡子踩了胡子的螺蛳。胡子要驼子赔胡子的螺蛳，驼子要胡子赔驼子的骡子。胡子骂驼子，驼子打胡子，螺蛳也爬到骡子头上去啃鼻子。"这反映了旧社会"人人为己"的社会意识，反映了人与人之间赤裸裸的利害关系。

《赔钵钵》："你婆婆借给我婆婆一个钵钵，我婆婆打烂了你婆婆的钵钵。我婆婆买来一个钵钵，还给你婆婆。你婆婆说什么也不要我婆婆赔钵钵，我婆婆硬要把买来的钵钵还给你婆婆。"这就反映了人与人之间的关系，充满了时代气息。

3. 谚语

谚语是一种广泛流传于民间的言简意赅的短语，它们通常是口语形式的通俗易懂的短句或韵语。谚语的产生和发展，在中国古代有着悠久的历史。谚语有几千年历史，古代先民将在对生活的认识过程中所获得的宝贵经验凝练成谚语，如三国之后，有关三国的谚语就多达数十条，而且不少是脍炙人口、家喻户晓的。比如"三个臭皮匠，顶个诸葛亮""万事俱备，只欠东风""黄忠七十不服老""说曹操，曹操就到"等。

（三）音韵民俗

音韵民俗是指以有节奏、有音乐伴奏或有韵律的语言形式进行流传的民俗事项。例如，民歌和童谣等。

1. 民歌

民歌是指起源于或流传于一个国家或地区的老百姓中间并成为他们独特文化一部分的歌曲，也称为民间歌谣，属于民间文学中的一种形式。民歌多为韵文，可以表现出一个民族的感情与习尚。经典民歌《红梅赞》《送别》《好日子》《父老乡亲》等，这些歌曲广泛流传，深受人们喜爱。

2. 童谣

童谣是一种为儿童创作的短诗，它通常以口头形式流传，特点是强调格律和韵脚。许多童谣是根据古代仪式中的惯用语或以历史事件为题材加工而成，它可能没有固定的乐谱，但通常具有和谐简短的音节，形式简短，语言流畅，节奏明快，易于上口和传播。有些童谣还可能配合动作，具有很高的艺术表现力。如摇篮曲、游戏歌、数数歌、问答歌、连锁调、拗口令、颠倒歌、字头歌和谜语歌。

风俗民俗

风俗民俗是指以风俗为媒介进行传播的民俗事项。其主要包括民间节日、民间游戏、民间礼仪、民间舞蹈、民间戏剧等。

（一）民间节日

民间节日除了传统的春节、清明节、端午节、中秋节等，还有一些少数民族的节日，如泼水节、三月三、花山节、火把节等。

1. 春节

春节，又称中国新年，是中国最重要的民间节日之一。这个节日有着悠久的历史，其起源可以追溯到早期人类的原始信仰与自然崇拜。春节的庆祝活动由上古时代的岁首祈岁祭祀演变而来，是一种原始的宗教仪式。人们会在年初之际举行祭祀活动，祈求来年五谷丰登、人畜兴旺。这些祭祀活动随着时间的推移逐渐演变为各种庆祝活动，形成了今天的春节。

春节通常指除夕和正月初一，但在民间，传统意义上的春节从上年腊月初八的腊祭或腊月二十三/二十四的祭灶开始，一直到正月十五，其中除夕和正月初一为高潮。在春节期间，汉族和多个少数民族会举行各种活动以示庆祝，包括祭奠祖先、除旧布新、迎禧接福、祈求丰年等。这些活动丰富多彩，带有浓郁的民族特色，如放烟火和放鞭炮以驱赶邪祟和迎接新年，穿上新衣服，放置门神和窗贴以祈求平安和幸福。

春节不仅是家人团聚、共度欢乐时光的时刻，也象征着团结、兴旺，并寄托着对未来的新希望。在这段时间里，人们会团聚在一起，享受美食和欢乐。除夕夜是春节最重要的一天，家人会团聚享用丰盛的晚餐，如饺子和年糕等。人们还会观看"春晚"，这是一个全国性的电视直播节目，展示中国传统的文化和艺术。正月初一是春节的第一天，人们会祭拜祖先和神祇，祈求平安和幸福。这一天，人们会走亲访友，祝贺彼此新年快乐。

2. 清明节

清明节是中国的一个重要民间节日，也是二十四节气之一。这个节日历史悠久，源自上古时代的祖先信仰与春祭礼俗。清明节通常在每年的 4 月 4 日至 6 日之间，人们扫墓祭祖，拜访并清洁祖先的墓地，以表达敬意和怀念之情，这一习俗体现了中华传统文化中人们对祖先的尊重和纪念。不同地域、不同民族在清明节习俗上有不同的特色。如壮族人十分喜爱五色糯米饭，把它看作吉祥如意、五谷丰登的象征。广西壮族自治区横州市乡民清明节取柳叶及田螺浸水洗眼睛，据说可使眼睛明亮；贵州省开阳县扫墓时，由值年主祭备酒食以祭，祭毕，亲友就近饮宴，称为"野餐"。

同时，清明节也是踏青郊游的好时机，人们会在这个时节外出赏花、春游，享受大自然的美景。因此，清明节是一个结合了自然节气与人文风俗的民间节日。

3．端午节

端午节，又称端阳节、龙舟节、重午节、重五节、天中节等，日期在每年农历五月初五，是集拜神祭祖、祈福辟邪、欢庆娱乐和饮食为一体的民俗大节。端午节源于自然天象崇拜，由上古时代祭龙演变而来。也有说战国时期的楚国诗人屈原在五月初五跳汨罗江自尽，后人也将端午节作为纪念屈原的节日；也有纪念伍子胥、曹娥及介子推等说法。因端午节的起源涵盖了古老星象文化、人文哲学等方面内容，在传承发展中杂糅了多种民俗，各地因地域文化不同而又存在着习俗内容或细节上的差异，端午节习俗有喝雄黄酒、挂香袋、吃粽子（图1-2-18）、插花和草蒲、斗百草、驱"五毒"和赛龙舟等。

图1-2-18　粽子

4．中秋节

中秋节，又称月夕、秋节、仲秋节、八月节、八月会、追月节、玩月节、拜月节、女儿节、团圆节，与春节、清明节、端午节并称为中国四大传统节日。中秋节历史悠久，源于上古时代秋夕祭月，在北宋时期，正式确立农历八月十五为中秋节，因其恰值三秋之半，故得此名。中秋节自古便有祭月、赏月、吃月饼、看花灯、赏桂花、饮桂花酒等民俗，各地因地域文化不同而又存在着习俗内容或细节上的差异，如广西壮族自治区侗族人在中秋节有"行月"习俗，晚上，芦笙歌舞队去邻近的山寨赛歌，歌声悠扬，舞姿婆娑，人群仿佛荡漾在如水似的月光里。

5．泼水节

泼水节是我国傣族、阿昌族、布朗族、佤族、德昂族等少数民族的新年节日，通常在公历四月，是这些民族一年中最为盛大的传统节日。这个节日的起源可以追溯到印度，最初是婆罗门教的一种宗教仪式，后来被佛教吸收。大约在13世纪末至14世纪初，泼水节的文化和习俗经由缅甸传入中国云南省的傣族地区。泼水节一般持续3天左右，主要活动包括歌舞、赛龙舟、放高升、放孔明灯等。人们会穿上节日盛装，相互泼洒净水或鲜花，寓意着洗去过去的不幸和灾难，带来健康、幸福和美好。

6．三月三

"三月三"是我国汉族、壮族、苗族、瑶族等多个民族共有的传统节日，具有丰富的文化内涵和历史传统。这个节日因地区而异，有不同的名称和习俗。在汉族文化中，"三月三"被称为"上巳节"，始于中国古代，用于祈求风调雨顺和农业丰收。这个节日在春季，当气温回暖、草木萌发时举行，是祈祷农业丰收的好时机。在壮族文化中，"三月三"（图1-2-19）又称"歌圩节""歌仙节"，是祭祀祖先和举行社交活动的日子，壮族人民有对歌谈情、抢花炮、抛绣球等传统习俗。在苗族、瑶族等民族中，各村寨男女老幼结对进山打猎或下河捕鱼，集体宴饮，共祝丰收，唱歌跳舞，欢度节日。

图1-2-19　三月三

7. 花山节

花山节（图1-2-20），又被称为"踩花山""跳花""耍花山"等，是苗族的传统节日，主要流行于贵州南部、四川南部及云南东南部的苗族聚居区，这个节日通常在农历正月或五月初举行。花山节与苗族的爱情故事和历史传说紧密相连，被认为是苗族远古祖先蚩尤的祭祀日，节日期间，苗族人民会穿上盛装，聚集在传统的跳场坪，进行一系列的庆祝活动，包括爬杆、赛马、射箭、唱歌、跳舞、选美和女红等比赛。花山节不仅是苗族人民展示民族文化、增进民族团结的重要场合，也是他们表达对爱情和美好生活追求的象征。

图1-2-20　花山节

8. 火把节

火把节是彝族、白族、纳西族、基诺族、拉祜族等中国西南少数民族的传统节日，尤其以彝族的火把节最为著名。这个节日通常在农历六月二十四日举行，但具体日期因民族不同而有所差异。节日期间，人们会点燃巨大的火把，进行歌舞、赛马、斗牛等多种庆祝活动。这些活动不仅展示了丰富的民族文化，也体现了人们对自然的尊重和感恩。

（二）民间游戏

民间游戏又称为"玩耍"，是指流传于广大民众生活中的嬉戏娱乐活动。民间游戏的历史悠久，内容丰富，形式多样，包括了智能游戏、体能游戏和智能与体能结合的游戏等。它们通常具有玩法简单易学、趣味性强、材料简便、较强的随意性的特点。民间游戏的类型繁多，如儿童类游戏：跳皮筋、踢毽子、打陀螺、斗鸡、滚铁环、捉迷藏、老鹰抓小鸡等，还有成年人娱乐游戏：武术、杂技、花灯、龙舟、舞狮、舞龙等。它们不仅能够带来乐趣，也能够促进儿童的身体发展，提升认知能力和社交技能。

1. 跳皮筋

跳皮筋起源于明末清初，流行于20世纪50至90年代，是用橡胶制成3米左右的有弹性的细绳，由两人各拿皮筋的一端并拉长，再举高，高度从脚踝处开始到膝盖，到腰到胸到肩头，再到耳朵头顶，然后"小举""大举"，难度越来越大，其他人用脚不许用手勾皮筋边跳边唱着自编的有一定节奏的歌谣，中途跳错或没勾好皮筋时，就换另一人跳，完成者为胜。

2. 打陀螺

打陀螺是中国民间一项广为流传的娱乐活动，具有悠久的历史，也是一种凝聚民族智慧的文化遗产。打陀螺的玩法多样，通常涉及使用一根绳子缠绕在陀螺上，然后用力让陀螺在地面上旋转。玩家可以使用鞭子或其他工具抽打陀螺，保持其旋转状态。这种游戏形式不仅考验玩家的技巧，还强调策略和力量控制。陀螺的制作材料多样，包括木质、陶制、石制、竹制等，体现了不同地区的文化和技艺。

3. 赛龙舟

赛龙舟，是中国端午节的传统民俗活动，起源于对爱国诗人屈原的纪念。传说屈原在流放期间，因国家沦亡和理想破灭，于农历五月初五投汨罗江自尽，当地百姓为了防止鱼虾侵害屈原的身体，纷纷划船入江驱赶，并投入米饭团以喂食鱼虾，后来形成了在端午节划龙舟和吃粽子的习俗。赛龙舟在中国南方地区普遍存在，北方靠近河湖的城市也有此习俗。赛龙舟的形式多样，包括装饰类似龙形的船只，分队进行竞速，以敲击锣鼓指挥划桨动作。此外，赛龙舟已被列入国家级非物质文化遗产名录，体现了我国对这一传统文化的保护和传承。

4. 舞狮子

舞狮子，又称为"狮子舞""狮灯"，是一种古老的传统舞蹈形式，属于中国优秀的民间艺术（图1-2-21）。这种舞蹈主要以狮子为主体，通过模仿狮子的动作和行为来进行表演。舞狮子在中国南方和北方有着不同的风格和表现形式。南狮，也称为醒狮，通常由两个人合作表演，一人负责狮头，一人负责狮尾，表演者在锣鼓音乐的伴奏下，通过各种动作来表现狮子的形态和特性，富有阳刚之气。而北狮则分为"文狮"和"武狮"，在表演过程中，舞狮者会使用各种招式来展现技艺。此外，狮子在中国文化中也被认为是驱邪避害的吉祥瑞物，常在节庆或重要活动时表演舞狮子，以增添喜庆和吉祥的气氛。

图1-2-21　舞狮子

（三）民间礼仪

中国民间的礼仪文化极其发达，拥有从诞生礼、成年礼、结婚礼、祝寿礼到丧葬礼的完整生命礼仪体系。因受《周礼》《仪礼》《礼记》"三礼"影响，同时也揉进了民间的各种信仰和禁忌习俗，形成了丰富多彩的生命礼仪习俗，如有"冠"与"笄"的成年礼，有宁静优美的"昏礼"，有庄重安详的葬礼，出生礼也是别具特色，地域之间及民族之间的生命礼仪也存在着很大的差异。

1. 出生礼

汉族出生礼大都包含了诞生、三朝、满月、百日、周岁五种主要礼仪。婴儿诞生，有诞生礼；三日后，有三朝礼；出生一月，为满月礼；出生百天，行百日礼；一周岁时，行周岁礼。其具体表现形式也大同小异，一般有祝福、保健、占卜等几层含义。如三朝礼，即婴儿出生三天，会替婴儿洗身，意在洗净污秽，使其洁白于人世，另可增长小儿胆量，促进小儿健康；添水时，唱祝词"长流水，聪明伶俐"；扔果时，唱祝词"桂圆桂圆，连中三元"；清洗时，唱祝词"先洗头，做王侯，后洗腰，一辈更比一辈高"；还有用鸡蛋滚婴儿脸，寓意"一生无险"，用葱打三下，寓意"聪明伶俐"。还会聚集亲友，前来相贺，为婴儿说吉祥话，为婴儿祝福。

2. 成年礼

汉族男孩成人礼叫作"冠"，具体的仪式是由受礼者在宗庙中将头发盘起来，逐个戴上缁布冠、皮弁、爵弁三个礼帽。汉族女孩成人礼叫作"笄"，就是由女孩的家长替她把头发盘结起来，加上一根簪子，改变发式表示从此结束少女时代。为跨入成年的男女青年举办成年礼，是要提示他们从此步入成年，要正视自己肩上的责任，履践美好的德行，完成"孺子"到"成人"的角色转变，成为各种合格的社会角色。

3. 结婚礼

汉族婚礼又叫"昏礼"，因先人认为黄昏是吉时，在黄昏行娶妻之礼，因此夫妻结合的礼仪称为"昏礼"，后来演化为婚礼。汉族婚礼形式始于原始社会末期，从最初的订婚逐渐演变到周代完整的"六礼"，即纳采、问名、纳吉、纳征、请期、亲迎，依据这六礼又划分为婚前礼、正婚礼和婚后礼三个婚礼流程，婚前礼和正婚礼是主要程序。汉族人认为红是吉祥的象征，所以传统婚礼全部使用体现吉祥的红色物品来装饰，包括红色喜字、红色盖头、红色衣裳、大红绸等。婚礼中还有新娘闺密讨喜、新娘拜别、新娘出门、新娘上礼车掷扇、燃炮、新娘摸橘子、男方长辈牵新娘、喜宴、送客、闹洞房等民间习俗。

4．祝寿礼

祝寿一般从虚岁六十岁或虚岁六十六岁开始，也惯称作"过生日"，老年人一开始"过生日"，以后就须年年过，不能间断。平常为小庆，逢十如七十、八十、九十等，为大寿，要大庆，不但设宴待客，还唱大戏、放电影，或请唢呐班子演奏助兴。旧时做寿十分隆重，家中大厅铺设寿堂，寿堂正中悬挂红底金边的"寿"字，两边高挂寿联，亲戚好友邻居来祝寿一般都要送寿烛、寿面、寿酒、寿幛、寿轴、寿联、寿画、寿屏、寿糕、寿馒头、寿桃等，且均用红纸剪出"寿"字，放在寿礼和祝寿用的器皿上。

5．丧葬礼

中国的传统丧葬文化非常讲究寿终正寝。过去民间习俗认为，凡50岁以上因老、病而去世的，都算寿终，称之为"喜丧"，到了近现代，七八十岁才算寿终，随着医疗事业的发展，人们生活质量的提高，今天的人们认为80岁以上才算是寿终正寝。汉族的丧葬礼有送终礼仪、报丧礼仪、"做七"仪式、吊唁仪式、入殓仪式、丧服式样、出殡仪式、下葬仪式等。在江浙一带，汉族民间丧葬礼有喝"长寿汤"、吃"长寿豆"的习俗，即送丧的人回来都要喝一小碗长寿汤，吃一些长寿豆，意思就是"添福添寿"。这些民间传统习俗都反映了生者对逝者的怀念和对家庭兴旺的美好愿望。

（四）民间舞蹈

民间舞蹈也称"土风舞"，是一种源于人民生活的集体性舞蹈形式，由人民群众自创自演。它主要表现一个民族或地区的文化传统、生活习俗及人民的精神风貌。受生活方式、历史传统、风俗习惯、宗教信仰、地理气候等自然环境因素的影响，民间舞蹈在形式上相对自由，通常没有固定的动作和步骤，舞者可以根据即兴的想法和情感进行表演，但在风格上保持相对的稳定性。按舞蹈功能进行分类，民间舞蹈可分为节令习俗舞蹈、生活习俗舞蹈、礼仪习俗舞蹈、信仰习俗舞蹈和劳动习俗舞蹈五大类。

1．节令习俗舞蹈

节令习俗舞蹈指的是在节令时节举行的习俗舞蹈。如山东省商河、惠民等县市在每年的新春佳节和重大节庆活动中都要表演鼓子秧歌；东北地区朝鲜族人在新年伊始和欢庆丰收时表演"农乐舞"；云南西双版纳景洪市哈尼族人在"秋千节""稻种节"时跳"帽子舞"；南方广东等地及海外华人的聚居区，每逢节日或庆典中舞动醒狮舞，以喻国泰民安、太平吉祥。

2．生活习俗舞蹈

生活习俗舞蹈是指人们在日常生活中为了自娱自乐、社交择偶、健身竞技、表演卖艺等而进行的习俗舞蹈。如云南弥勒、路南、泸西、宜良、丘北、陆良等地，人们生活中喜爱的自娱游戏"阿细跳月"民间舞；海南省黎族跳"打柴舞"为逝者送葬；贵州独山县部分乡镇每逢年节、婚丧嫁娶或于歌场、祭社时，布依族群众就聚集起来跳"响篙舞"娱乐消遣，或以舞祈神，表达喜悦心情和希冀平安康乐。

3．礼仪习俗舞蹈

礼仪习俗舞蹈是指在出生礼、成人礼、婚礼、寿礼、丧礼、祭礼、兵礼等礼仪活动中进行的舞蹈。如云南景颇族在传统丧葬礼仪上要跳"金寨寨"舞蹈；贵州毛南族在丧葬活动中，由巫师表演"猴鼓舞";云南独龙族在其传统的"剽牛祭天"活动中要跳"剽牛舞";云南瑶族在"还盘王愿"时进行的"跳盘王"歌舞娱神活动。

4. 信仰习俗舞蹈

信仰习俗舞蹈是指在道教、佛教、原始宗教、民间俗信活动中跳的舞蹈。如纳西族东巴教念经、请神仪式中要跳的"东巴舞";基诺族在祭祖先、祭家神、盖新房等活动中要跳的"大鼓舞";土家族祭祖先祖仪式中要跳"摆手舞";青海同仁市土族群众信仰习俗中的祀神驱邪、祈求平安的民间"於兔"舞蹈。

5. 劳动习俗舞蹈

劳动习俗舞蹈是指农民在劳动时自创自演的民间舞蹈。如在安徽以六安为中心的皖西地区,当地农民于薅秧季节,在田头表演"鸱鸪理窝"舞蹈,以预兆丰收;在湖北京山市孙桥镇一带,当地农民每逢插秧、薅草的大忙季节,在禾场或用土叠起的堆子上表演"鼓舞"。

(五) 民间戏剧

民间戏剧又叫"地方剧",具有明显的地方色彩、音乐特色和独特的表演风格。我国有代表性的民间戏剧有昆曲、高腔、梆子腔、皮影戏、川剧、豫剧、评剧、越剧、黄梅戏等,其中京剧、越剧、黄梅戏、评剧、豫剧为中国五大戏曲剧种,高腔、皮黄腔、昆腔、梆子腔统称为中国四大声腔系统。

1. 昆曲

昆曲又称"昆腔""昆剧",源于江苏昆山,是中国古典戏曲的代表,也是戏曲艺术中的珍品,被称为百花园中的一朵"兰花"。昆曲唱腔华丽婉转、念白儒雅、表演细腻、舞蹈飘逸,加上完美的舞台置景,可以说在戏曲表演的各个方面都达到了最高境界。

2. 高腔

高腔因起源于江西弋阳,又称为"弋阳腔"或"弋腔"。多数高腔的特点是表演质朴、曲词通俗、唱腔高亢激越、一人唱而众人和,只用金鼓击节,没有管弦乐伴奏。高腔的这种"帮腔"演唱形式较为独特,有渲染戏剧气氛、表现人物内心情感等作用。

3. 梆子腔

梆子腔也称为"秦腔",起源于陕西,以硬木梆子击节,唱腔高亢激越,在不同地区发展成不同的形式,如山西梆子、河北梆子、河南梆子、山东梆子等。

4. 皮影戏

皮影戏又称"影子戏"或"灯影戏",是一种用兽皮或纸板剪制形象并借灯光照射所剪形象而表演故事的戏曲形式,是中国传统民间艺术之一。表演时,艺人们在白色幕布后面,一边操纵影人,一边用当地流行的曲调讲述故事,同时配以打击乐器和弦乐,有浓厚的乡土气息。

5. 川剧

川剧,俗称"川戏",流行于四川地区,以其独特的变脸艺术和幽默风趣的风格著称。川剧分小生、须生、旦角、花脸、丑角5个行当,各行当均有自成体系的功法程序,尤以小丑、小生、小旦的表演最具特色,在戏剧表现手法、表演技法方面多有卓越创造,能充分体现中国戏曲虚实相生、遗形写意的美学特色。

6. 豫剧

豫剧源于河南,唱腔铿锵大气,是中国第一大地方剧种,流行于河南省、河北省、山东省。豫剧在生成和发展时期，汲取了昆腔、吹腔、皮簧戏及其他声腔剧种的艺术因素，同时广泛吸收河南民间流行的音乐、曲艺说唱和俗曲小令，形成了朴直淳厚、丰富细腻、富于乡土气息的剧种特色。

7. 评剧

评剧起源于河北，流行于华北地区，以唱工见长，吐字清楚，唱词浅显易懂，演唱明白如诉，表演生活气息浓厚，有亲切的民间味道等特点而闻名。早期评剧只有男、女角色之分，后逐渐发展成为生、旦、丑三小戏，受梆子腔和京剧影响，发展成青衣、花旦、老旦、彩旦、小生、老生、花脸、小花脸等行当齐全的大剧种，但仍保留了民间小戏活泼自由、生活气息浓厚的特点。

8. 越剧

越剧发源于浙江，后流传至全国，以唱为主，声音优美动听，表演真切动人。越剧特别擅长情感的细腻表达和故事的抒情叙述，能够很好地展现出江南地区的灵秀之气。越剧以"才子佳人"题材为主，艺术流派纷呈，公认的就有十三大流派之多，每个流派都有其独特的演唱风格和表演特点，如袁派的柔婉细腻、尹派的质朴高雅、陆派的婉约柔和等。越剧的语音以嵊州方言为基础，在角色划分上，小生饰演青年男性角色，而小旦饰演青年、少年女性角色，展现了东方诗意的爱情故事和美学。

9. 黄梅戏

黄梅戏起源于湖北黄梅地区，后流传至安徽等地，以唱腔淳朴流畅著称。黄梅戏唱腔有花腔、彩腔、主调三大腔系。花腔以演小戏为主，曲调健康朴实、优美欢快；彩腔曲调欢畅，曾在花腔小戏中广泛使用；主调是黄梅戏传统正本大戏常用唱腔，有平词、火攻、二行、三行之分，曲调严肃庄重，优美大方。黄梅戏角色行当有正旦、正生、小旦、小生、小丑、老旦、奶生诸行，服饰以唐、宋、明时期为多，清雅秀丽、自然隽永。妆容类似于古代仕女的淡妆，真实质朴，小生眉眼上扬，眉峰微聚，风神俊秀，清俊佳绝；花旦眉目含情，顾盼之间，自然流露风情。

耕读故事

后羿射日

传说古时候，天空曾有十个太阳，他们都是东方天帝的儿子。这十个太阳跟他们的母亲（天帝的妻子）共同住在东海边上。她经常把十个孩子放在世界最东边的东海洗澡。洗完澡后，让他们像小鸟那样栖息在一棵大树上。因为每个太阳的形象都是鸟，所以大树就成了他们的家，九个太阳栖息在长得较矮的树枝上，另一个太阳则栖息在树梢上。当黎明需要晨光来临时，栖息在树梢的太阳便坐着两轮车，穿越天空，照射人间，把光和热洒遍世界的每个角落。十个太阳每天一换，轮流当值，秩序井然，天地万物一片和谐。人们在大地上生活得幸福和睦。人和人像邻居、朋友那样，生活在一起，日出而耕，日落而息，生活过得既美满又幸福。人和动物也能和睦相处。那时候人们感恩于太阳给他们带来了时辰、光明和欢乐，经常面向天空磕头作揖，顶礼膜拜。

可是，这样的日子过长了，这十个太阳就觉得无聊，他们想要一起周游天空，觉得肯定很有趣。于是，当黎明来临时，十个太阳一起爬上双轮车，踏上了穿越天空的征程。这一下，大地上的人和物就受不了。十个太阳像十个大火团，他们一起放出的热量烤焦了大地，烧死了许许多多的人和动物。森林着火了，所有的树木庄稼和房子都被烧成了灰烬。那些在大火中没有烧死的人和动物，发疯似地寻找可以躲避灾难的地方和能救命的水和食物。

河流干枯了，大海也面临干涸，水中的怪物便爬上岸偷窃食物。农作物和果园枯萎烧焦，供给人和家畜的食物源断绝了。人们不是被太阳的高温活活烧死就是成了野兽口中食。人们在火海灾难中苦苦挣扎，祈求上苍的恩赐！

这时，有个年轻英俊的英雄叫后羿，他是个神箭手，箭法超群，百发百中。他被天帝召唤，领受了驱赶太阳的使命。他看到人们生活在火难中，心中十分不忍，便暗下决心射掉那多余的九个太阳，帮助人们脱离苦海。

于是，后羿爬过了九十九座高山，迈过了九十九条大河，穿过了九十九个峡谷，来到了东海边，登了一座大山，山脚下就是大海。后羿拉开了万斤力弓弩，搭上千斤重利箭，瞄准天上的太阳，一箭射去，第一太阳被射落了。后羿又拉开弓弩，搭上利箭，同时射落了两个太阳。这下，天上还有七个太阳瞪着红彤彤的眼睛。后羿感到这些太阳仍很焦热，又狠狠地射出了第三支箭。这一箭射得很有力，一箭射落了四个太阳。其他的太阳吓得全身打颤，团团旋转。就这样，后羿一支接一支地把箭射向太阳，箭无虚发，射掉了九个太阳。他们的羽毛纷纷落在地上，他们的光和热一点一点地消失了。直到最后剩下一个太阳，他怕极了，就按照后羿的吩咐，老老实实地为大地和万物继续贡献光和热。

从此，这个太阳每天从东方的海边升起，晚上从西边山上落下，温暖着人间，保持万物生存，人们安居乐业。

愚公移山

上古时候，北山有个老者，名叫"愚公"。他家门前，有两座大山，一座叫太行山，一座叫王屋山。他觉得这两座大山挡住了他家的路，出入很不方便。

愚公快到九十岁的时候，把子孙叫到面前，同大家商量，想把这两座大山移走。子孙听了，都同意他的想法。大家说："这两座大山，挡在咱家门前，行路很不方便，应该把它移走。"

愚公的老伴听了这件事心里有点怀疑，她对愚公说："你想搬走这两座大山，那可不是件容易的事。要知道，你已经是九十岁的人了，不能劳动了，别说是这两座大山，恐怕连邻家魁父门前那个土堆也搬不走。"愚公听了老伴的话，觉得很不服气，他说："我虽然老了，不能动了，咱们还有儿子、孙子。山是不会再增高了，咱们一辈接一辈去挖山，挖一点就会少一点，挖的时间长了，怎么不能把山搬走？"

老伴说："你挖下的土和石头，往哪里堆呢？"

愚公说："倒到渤海湾去。"

儿子、孙子都同意愚公的想法，于是，就照着他的指点行动起来。一家老小都去挖山，挖下的土和石头，用担子挑到渤海湾去倒。这两座山在上党南部黄河附近，从这里到渤海湾去，来往一趟要走半年，因此往往是穿着棉衣去，换上单衣回来。他们一家这样不停地干，感动了沿途许多人。邻居京城氏有个七八岁的孩子，才刚到换牙时候，便很懂事。他看到愚公一家挖山开路，觉得这是好事，自己也跑去帮忙。邻村有许多人也跑去帮忙，帮助愚公搬山的人越来越多，渐渐形成了一支搬山队伍。

对于愚公移山的事，有的人支持，有的人就觉得可笑。其中河曲有一个老者，名叫智叟，他看到愚公这样做，就嘲笑着说："老头子，你这样做太可笑了。你已经风烛残年，无四两力气，还移什么山呢？你挖走的那些土石，还不及山上的一根毫毛。这么大两座山，你怎么能把它移走呢？"

愚公长长叹息一声，说："你不要看不起人，你以为我老了，没几两力气，可我精神不老，你这样说，我觉得还不如京城氏那个七八岁的孩子，你要知道虽然我会死去，但是还有儿子在，儿子又要生孙子，孙子又生儿子，子子孙孙，无穷无尽，而这山是不会再增高了，只要我们子子孙孙一直挖下去，怎么会挖不走呢？"

智叟听了愚公这番话，摇摇头走了。愚公有决心，有恒心，移山意志不变，带领全家老少，日夜搬山不止。他这种行动，不但感动了大地上的男女老幼，而且也感动了天帝。一天，一位天神握着一条大蛇，浮在云端。他看到地上的愚公，虽已年迈，却带着浩浩荡荡的人群辛勤移山。对于此事，他大为震惊，回到天上，报告给天帝。天帝听了此事，也觉得惊奇。于是派了夸娥氏的两个儿子，下凡帮助愚公移山。这两位神仙来到人间，把一座山背到朔东，一座山背到雍南。这两座山原来是连在一起的，从此一南一北分开了。愚公移山的理想终于实现了。

✏️ 名人名言

千里不同风，百里不同俗。

——《白石樵真稿》

🎓 知识拓展

古代关于中秋节的传说

在中国古代，人们相信月亮上有嫦娥和玉兔。每年中秋节，人们都会在一起赏月、吃月饼、扔豆沙包等。据说，这个习俗是为了纪念嫦娥和玉兔。

模块三

农具农事节气

前言导读

　　农具的产生和发展是与农业的产生和发展同步进行并相互促进的。本模块内容将从农具、农事及节气三个方面进行讲述，探析中国农具的发展历程，解读中国农耕的智慧；了解常见的农事活动，传承中国农耕文化；揭秘二十四节气，分析其农业气候意义，以期更好地了解中国农业历史的改革和发展。

知识导航

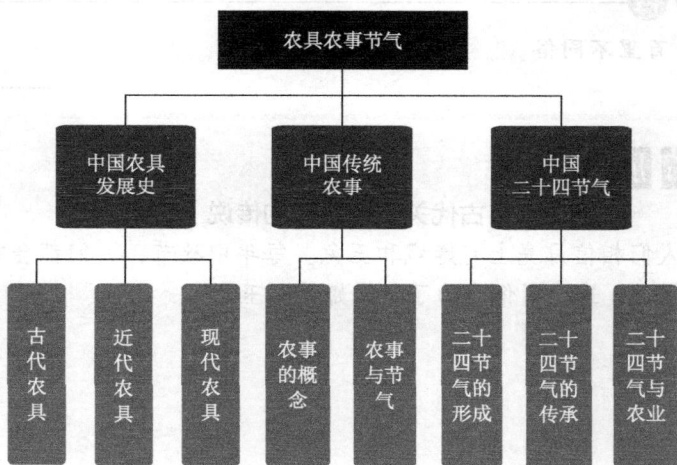

主体内容

中国农具发展史

　　农具是农业生产过程中所使用的工具，自从人类有了农业活动，农具就诞生了，从古至今，农具都在不断地发展、革新变化，每一类农具的创制都直接影响着农业技术。

（一）古代农具

　　原始社会，人类为了生存，第一件事就是要寻找食物。但是单靠人的双手去采撷，力量有限。后来人类发现用木棒敲打，石块打击，能得到很多帮助。于是木棒、石块就成了人类劳动生活工具。慢慢地人们又学会种植农作物，于是就出现了农业，随之也就产生了种田的农具。中国古代农具发展分为六个阶段，第一阶段是前农业时期（旧石器时代），使用极为简陋的打制石器、木器，农业开始萌芽，开始使用农具。第二阶段是原始农业时期（新石器时代至夏、商、西周），农具初步发展，青铜器出现，主要农具仍以石、木、蚌器等为主。第三阶段是春秋战国时期，铁农具产生和普遍使用是我国农具史上第一次大变革时期。第四阶段是秦汉至五代，机械农具的初步发展，铁农具大为推广，成为"民之大用"的机械农具不断出现。第五阶段是宋辽金元时期，我国农具史上的第二次革命，农具的种类增多。第六阶段是明代至中华人民共和国成立之前，此阶段是农具缓慢发展时期。

原始社会，我国是人类发祥地之一，从古代起，中华民族的祖先就已经劳动、生息、繁衍在这块辽阔而肥沃的土地上。旧石器时代，我们祖先已会用木棒和打制石器采集与狩猎，而我国农业起源于新石器时代，以仰韶文化、龙山文化为代表。新石器时代的农业经营方式是刀耕火种，此时期的农具有石斧（图1-3-1）、石铲、尖头木棒、石磨盘、石磨棒、陶器、耒耜、锄、石镰、臼杵、蚌镰、蚌刀等农具。新石器时代农具，主要有石质、陶质、骨质、木质等各式农具，其中以石质农具现存数量最多，并且石器中又以磨制石器为主。这个时期的农具虽然简单，但通过使用这些农具，已经能走完整套农业生产过程。古代神农发明耒耜，耒耜的出现，才有了真正意义上的"耕"和耕播农业。新石器时代的另一个重要标志是陶器的出现，随着生产和生活的进一步需求，仰韶文化的制陶技术已经达到很高的水平，并为我国制陶工艺打下了良好的基础。

奴隶社会（约公元前2070年—公元前476年），夏代农业生产工具主要是木石器和蚌器，铜器仍然是少数。到了商代，进一步发展奴隶制，青铜器的铸造成了这一时期的重大发明创造。青铜农具已有了铜铲和铜斧等。西周时期青铜器有了一定的发展，青铜器的数量、品种等都有明显的增加。铁制农具的发明和牛耕的推广使得农业生产水平有了提高。奴隶社会的农业由于青铜器及铁器的出现发展迅速，这个时期出现的农具已呈现多种样式，有铜斧、铜铲、牛耕、蚌锯、桔槔、青铜犁头（图1-3-2）等农具。铁的发现和铁器的使用对于我国的农具改革和新式农具的创造发明有着极其深远的影响。

图1-3-1　石斧

图1-3-2　青铜犁头

封建社会（公元前475年—公元1840年），战国时期农业生产工具发展的重要标志是铁器的广泛使用。冶铁业的发展及铁制农具（图1-3-3）的使用是春秋战国时期生产力跃进的主要标志。特别是铁犁铧和畜力在农业中的应用，这个时期出现的农具铁犁铧（图1-3-4）、铜锄、铁锄、耧等。其中牛耕铁犁对发展封建制度影响最深远。汉魏时期，牛耕与铁犁铧、铁犁壁在全国更大范围内推广与普及。秦汉时期（公元前221年—公元220年）已经有较为精细的农具，用于整地、播种、中耕、灌溉、收获、脱粒加工粮食。整地农具有牛耕、三齿耙、耢等，播种农具有楼车，中耕农具有铲和锄，灌溉农具有桔槔、辘轳、翻车等，收获农具有镰刀类，脱粒农具有汉石臼和连磨等。

图1-3-3 铁制农具

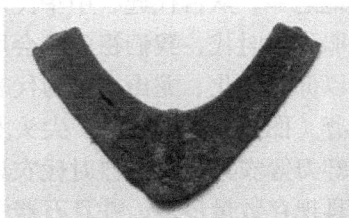

图1-3-4 铁犁铧

魏晋南北朝时期（公元220年—公元589年），是我国农业发展史上一个重要时期。在我国现存最早的一部完整农书《齐民要术》中，记载了北魏时的农业生产工具有三十多种，这一时期的农业生产工具大体上可以概括有犁、锹、耙等整地农具，有耧车（图1-3-5）、瓠种等播种农具，有锄一类的中耕农具，有桔槔、辘轳等灌溉农具，有镰等收获农具，有连枷、磨、箪等脱粒加工储藏农具。

隋唐五代时期（公元581年—公元960年），出现了许多新式农业机械。唐代农业生产工具的创造发明与改进提高，表现在耕垦农具与灌溉农具。唐代的曲辕犁（图1-3-6）是古代中国耕作农具成熟的标志。隋唐五代时期用于水井提水灌溉的农具，除辘轳外，在北方还有立井水车。

图1-3-5 耧车

图1-3-6 曲辕犁

宋辽夏金元时期（公元960年—公元1368年），这个时期的农具在耕耘、播种、中耕锄草、灌溉、收获、加工方面有显著进步。耕耘农业生产工具主要是犁，牛是古代犁耕的主要牵引动力，中耕锄草的农具有铁锄、耧锄，灌溉农具主要是沿用前代的桔槔、辘轳、立井水车等。

明清时期（公元1368年—公元1911年），该时期是中国封建社会统一的多民族国家的巩固和封建制度的逐渐衰落时期，由于封建生产关系的束缚，在明清两代农业经济发展的基础上，社会生产力与农业生产技术水平都有了比较显著的提高。明清时期农具改进更新主要从改进犁、灌溉农具、竹藤农具、收获加工农具等方面体现。据记载，曾出现过"木牛""代耕"的改进犁。灌溉农具主要是水车，到了明清时代，出现竹篾藤器，包括荆柳条编制的农具。

古代农具从旧石器时代到新石器时代，从石器到铁器，从简单到复合的机械工具，最后使用机器，每一次都是质的转变和飞跃，都有力地推动了社会历史的变革和发展。

（二）近现代农具

我国五千年文明创造了农具发展的辉煌，而中华人民共和国成立之后，农具的成就更是巨大，也是前所未有的。一大批农业设备、农副产品加工机械、畜牧业机械、林业机械、植保机械、运输机械、农田基本建设机械等迅速增长。农机作业向市场化、社会化服务方向发展。中华人民共和国成立以来，农业生产获得了较大的发展，农业机械化装备水平稳步提高。1949 年，全国农业机械装备中的一些大型农业机械，如联合收割机、农用汽车、农用拖拉机，经过半个多世纪的发展，农业机械拥有量增长了上千倍，有的品种甚至增长数万倍。农田作业机械化水平显著提高。

随着农业现代化脚步的加快，农业生产各项新技术层出不穷。农业机械化、农具创新化成为当前农业发展的大趋势，我国农业的生产方式已由千百年来以人力畜力为主转到以机械作业为主的新阶段，机械化的现代农具带来高效率，把农民从繁重的劳动中解放出来，提高农业的综合生产能力。现代化农业机械品种非常之多，农业机械包括农用动力机械、农田建设机械、土壤耕作机械、种植和施肥机械、植物保护机械、农田排灌机械、作物收获机械、农产品加工机械等。种植机械可分为播种机、栽种机、秧苗机械等。农田排灌机械细分为水泵、喷灌设备、滴灌设备等。当今信息技术高速发展，给传统的农业生产生活带来了一次全新的革命。现代科技将会更加普及，无线通信、云计算、物联网、大数据等信息助推农业智慧转型，无人机、机器人等成为新型智慧农具。

中国传统农事

农事一词最早在《左传·襄公七年》中出现，"夫郊祀后稷，以祈农事也。是故启蛰而郊，郊而后耕。"这里对农事的描写就是"耕"，即种田。从大量的农事诗中，可以看到古人对农业生产的描述。《礼记·月令》中季秋之月篇中提到"乃命冢宰，农事备收，举五谷之要。"唐代元稹所作的《竞舟》中提到"一时欢呼罢，三月农事休。"明代徐光启《农政全书》中提到"假令自春至秋，入贡不绝，皆役民，岂不妨农事？"

土壤耕作、合理密植、中耕除草、掌握农时等技术环节是先秦时代农业生产的重要技术。秦汉到南北朝时期，农书中提到"趣时和土、务粪泽、早锄早获"，耕种管理，施肥灌水。北朝时期，贾思勰的《齐民要术》，提到关于粮食、油料、纤维、染料、饲料、蔬菜、果树、林木的种植，以及蚕桑、畜牧、养鱼和农副产品的加工，甚至烹调等，此书是对这一个时期农事活动的一个概括。唐宋时代农事活动围绕耕作和栽培技术展开，出现了耕织结合的农业生产模式。明清时期，农事活动（图 1-3-7）进一步拓展，涵盖了水利、农具、树艺（谷物、园艺）、蚕桑、蚕桑广类（如木棉、苎麻等）、种植（经济作物）、牧养、制造及农副产品加工等。

图1-3-7　农事活动

（一）农事的概念

农事指耕耘、施肥、播种、收割、收获、贮藏等农业生产活动。农事活动根据流程包括播种、管理、收获三个方面，主要是指耕地、施肥、播种、田间管理（除草、防倒伏、喷洒农药、病虫害防治、防寒、防冻、防旱、浇水、排灌）、收割、收获、贮藏、六畜管理等农业生产活动。农业活动涵盖果蔬、花木、粮油、水产、禽畜、农药、肥料、种子、农业机械与设施等行业。农事活动的种类非常丰富。从农田管理来说，包括耕地开垦、地块调整、排灌设施建设等；从种植方面来说，涉及作物的选择、品种改良、播种、定植、覆膜、揭膜等；从养殖方面来说，包括家禽养殖、畜牧养殖、水产养殖等；从施肥方面来说，涉及有机肥料的应用、化肥的施用等；从病虫害防治方面来说，包括病虫害的监测、病虫害的防治策略等。不同类型的农事活动对应着不同的技术和管理要求，需要根据自身经验和科学指导进行操作。

农事活动的重要性不容忽视，农事活动直接影响到农作物的产量和质量，进而关系到农民的收益和农业产业的发展。科学合理的农事活动可以提高土壤肥力，预防和控制病虫害，增加作物抗逆性，提高农作物品质。在进行农事活动时要注重科学技术的应用，提高农业的可持续发展能力。

（二）农事与节气

二十四节气是中国古代人民伟大的发明创造。两千多年来，它在我国各地广泛流传，成为指导农事活动的有力工具。我国广大劳动人民进行春播、夏长、秋收、冬藏，都是按照二十四节气来安排的，一年之中气候冷热的变化对于农业生产有着很大的影响。

立春后气温回升，气温、日照、降雨时常处于上升或增多阶段。春耕大忙季节在全国大部分地区逐渐开始，北方冬麦田清沟、沥水、防渍、划锄，南方冬性油菜追肥、排水、中耕除草，早稻开始播种。

雨水是二十四节气中的第二个节气，雨水前后，油菜、冬麦普遍返青生长，对水分的要求较高，如若早春少雨，雨水前后应及时春灌。适宜的降水对冬小麦越冬萌动返青非常有利，正所谓"春雨贵如油"。进入雨水，南方地区的持续连阴雨有所缓和，有利于油菜抽薹开花，但仍应注意加强田间管理，防备春雨过多导致湿害烂根。华南地区则应抓住"冷尾暖头"，抢晴播种，加快双季早稻育秧。雨水节气对越冬作物的生长起着关键作用，农村要根据天气特点对小麦等进行中耕除草和施肥等。

惊蛰前后，我国大部分地区天气开始转暖，雨水增多。这正是春耕开始的信号。这一时期，江淮地区小麦拔节抽穗，蔬菜长苗，果树萌芽开花，花卉播种育苗。正如农谚"到了惊蛰节，耕地不能歇"所说，各家各户都要忙着春耕春播，哪里还得闲。这一时期，气温升高快，华南华北等地要谨防春旱露头。江南地区低温阴雨天气较多，要注意早稻烂秧现象。此时，各种昆虫蠢蠢欲动，还要做好病虫害防范。

春分节气是农业生产的重要节点，也是许多农作物生长发育的关键时期。土壤解冻且变得潮湿，非常适合耕地播种。北方地区开始种植春麦、春玉米、春豆等作物，南方地区则开始进行水稻的春季播种。由于此时气温仍然不稳定，回升后可能会出现一段时间的持续偏低，俗称"倒春寒"。倒春寒在南方会造成早稻烂秧，在北方会影响花生、蔬菜、棉花和小麦的生长。

清明时节，气温转暖，万物欣欣向荣。清明前后，春耕春播全面展开。南方水稻育秧，北方播种春玉米、谷子、糜子、马铃薯、棉花等。在西北高原，牲畜受严冬和草料不足的影响，抵抗力弱，此时需要严防开春后的强降温天气对老弱幼畜的危害。

谷雨是春季最后一个节气。谷雨时节气温升高加快，降雨量增加。在谷雨时节，与部分地区春雨贵如油相对应的，则是春旱。淮河流域是江南春雨和北方春旱区之间的过渡地区，从秦岭、淮河附近向北，春雨呈急剧减少的态势，这里的农田更加渴望一场透雨的滋润。二十四节气之春季如图 1-3-8 所示。

图 1-3-8 二十四节气之春季

立夏的到来，预示着孟夏时节的正式开始。立夏过后，各地气温明显升高，降雨量增多，农作物长势旺盛，水稻及其他春播作物的管理进入大忙季节。这时夏收作物进入生长后期，冬小麦扬花灌浆，油菜接近成熟，夏收作物年景基本定局，春花作物进入黄熟阶段，对已成熟的作物要及时抢晴收割。

小满节气意味着收获的节奏。北方地区冬小麦等夏收作物已经接近成熟。小满时田里如果不蓄水，就可能造成田坎干裂。南方地区的农民正在种植水稻，需要注意蓄水保水工作，抓紧水稻的追肥、耘禾。

芒种节气一到，夏熟作物要收获，夏播秋收作物要下地，春种的庄稼要管理，处于收、种、管交叉的"三夏"大忙季节。夏收忙，麦已成熟，需及时收晒。夏种忙，回茬秋收作物，如夏玉米、夏大豆等夏种作物，为保证到秋霜前收获，需尽早播种栽插，才能取得较高的产量。夏管忙，芒种节气之后雨水渐多，气温渐高，棉花、春玉米等春种的庄稼已进入需水需肥与生长高峰时期，不仅要追肥补水，还需除草和防病治虫。

夏至来临，棉花已经现蕾，营养生长和生殖生长两旺，要注意及时整枝打杈，中耕培土，雨水多的地区要做好田间清沟排水工作，防止涝渍危害。淮河以南早稻抽穗扬花，田间水分管理要足水抽穗，湿润灌浆，既满足水稻结实对水分的需要，又能透气养根，保证活熟到老，提高籽粒重。

小暑时节，全国大部地区的夏秋作物进入生长最为旺盛的时期，人们多忙于夏秋作物的田间管理，我国东北与西北地区正收割冬、春小麦等作物。小暑期间，光热资源丰富，利于水稻、棉花、玉米等秋熟作物生长发育。

大暑节气是在高温环境下，需要进行早稻抢日，晚稻抢时。早稻到了收获时期，就需要削减后期风雨造成的各种病虫害，确保丰产丰收。晚稻适时栽插，能够争取晚稻快速生长，敏捷支配，晴天多割，阴天多栽。二十四节气之夏季如图 1-3-9 所示。

图 1-3-9　二十四节气之夏季

　　立秋节气，我国中部地区早稻开始收割，晚稻开始种植，秋季作物进入重要生长发育时期。每年立秋前后，农人们忙起来"晒秋"，在院子或屋顶平台择一处空地，陆陆续续晾晒田间收获的菜蔬谷物。

　　处暑时节，我国大部分地区林果和农作物陆续进入成熟期。处暑后，农事活动也进入了管理关键期。此时我国一季稻处于抽穗至乳熟期，晚稻处于返青分蘖期，大豆结荚鼓粒，玉米抽雄吐丝，棉花结铃吐絮，部分林果着色成熟。

　　白露节气后，冷空气日趋活跃，常出现低温天气，影响晚稻抽穗扬花。黄淮、江淮及华南等地要抓住气温较高的有利时机浅水勤灌。

　　秋分时节处于秋收、秋耕、秋种"三秋"大忙时节，华北地区已开始播种冬麦，长江流域及南部广大地区正忙着晚稻的收割，抢晴耕翻土地，准备油菜播种。

　　寒露前后是长江流域直播油菜的适宜播种期，品种安排上应先播甘蓝型品种，后播白菜型品种。淮河以南的绿肥播种要抓紧扫尾，已出苗的要清沟沥水，防止涝渍。华北平原的甘薯薯块膨大逐渐停止，应根据天气情况抓紧收获，争取在早霜前收完。

　　霜降节气，北方大部分地区已在秋收扫尾。华北地区大白菜即将收获，要加强后期管理。在南方，是"三秋"大忙季节，单季杂交稻、晚稻收割，种早茬麦，栽早茬油菜；摘棉花，拔除棉秸，耕翻整地。二十四节气之秋季如图 1-3-10 所示。

图 1-3-10　二十四节气之秋季

　　立冬前后，东北的农林作物进入越冬期，江淮地区的"三秋"（秋收、秋管、秋种）也接近尾声；江南正忙着抢种晚茬冬麦，抓紧移栽油菜；而华南却是"立冬种麦正当时"的最佳时期。

　　小雪节气期间，田里的农活已经不多了，农民修补农具，做好牲畜的御寒保暖工作，为来年开春做准备。不过，地不冻，犁不停。早晚上了冻，中午还能耕。如果天气还暖和，农民不会停止犁地。有的农民继续给小麦浇冻水，做好小麦越冬工作。

　　大雪时节，我国大部分地区已进入冬季。此时，黄河流域一带已渐有积雪，而在更北的地方，则大雪纷飞了。积雪一方面可以给冬小麦保温保湿，防止冬季干吹风；另一方面可以储存来年生长所需的水分；还能冻死土壤表面的一些虫卵，减少小麦返青后的病虫害发生。

　　冬至前后是兴修水利、大搞农田基本建设、积肥造肥的大好时机。江南地区更应做好农田管理，清沟排水，培土壅根，对尚未犁翻的冬壤板结要抓紧耕翻，以疏松土壤、增强蓄水保水能力，并消灭越冬害虫。已经开始春种的南部沿海地区，则需要做好水稻秧苗的防寒工作。

　　小寒时节，我国大部分地区已进入严寒时期，土壤冻结，河流封冻。此时，要继续抓好春花作物的培育，做好防冻、防湿工作。

　　大寒节气，天寒地冻，全国各地田间农活依旧很少。北方地区的农户多忙于积肥堆肥，为开春做准备，或加强牲畜的防寒防冻。南方地区要加强小麦及其他作物的田间管理，做好经济作物的防寒工作也很关键。二十四节气之冬季如图 1-3-11 所示。

图 1-3-11　二十四节气之冬季

　　二十四节气作为我国独特的时间制度，是古代农民世代传承的农业时间制度，其每一个节气都有自己的气候分析和天气预报的气象科技知识体系，可有效指导农民的生产活动。

中国二十四节气

（一）二十四节气的形成

二十四节气是中国人通过观察太阳周年运动，根据一年中物候、气候、时令等变化规律而形成的知识体系和社会实践，是我国劳动人民长期对物候、气象、天文进行观测、探索、总结的时间制度，用来指导农业生产，安排农民生活，它反映了季节的变化与农业生产活动的变化紧密相关。

二十四节气的形成和确立经历了一段较长的历史时期。大约从夏朝开始，劳动人民就遵循二十四节气从事生产活动，所以其又被称为"夏历"。二十四节气可能萌芽于夏商时期，当时由观测日影确定冬至、夏至两个节气。二十四节气中最初确定的节气可能是冬至、夏至两个节气。从《夏小正》一书中的有关记载及殷商时期的甲骨文、遗址发掘中，发现夏商时期应该能够测得冬至、夏至。西周时期，进一步确定春分、秋分两个节气。春秋时期，人们在四时基础上已经能确定八节。《左传》中多处记载了关于八节的信息，《左传·僖公五年》中记载："五年春，王正月辛亥朔，日南至。公既视朔，遂登观台以望。而书，礼也。凡分、至、启、闭，必书云物，为备故也。"《左传·昭公十七年》中记载道："玄鸟氏司分者也，伯赵氏司至者也，青鸟氏司启者也，丹鸟氏司闭者也。"可见春秋时期二十四节气的核心部分已基本确立。战国时期，二十四节气已基本形成，《逸周书·时训解》中出现了较为完整的二十四节气排列，顺序内容与现在二十四节气稍有不同。秦汉年间，二十四节气完善定型，二十四节气第一次完整、科学地记载于淮南王刘安主持编著的《淮南子》，并流传至今。公元前104年，邓平等人制定《太初历》，二十四节气被写入其中，正式定为历法。

二十四节气的设立与太阳在黄道上的位置变化有密切的关系，太阳在赤道上每前进15°为一个节气，运行一周又回到春分原点，每一个节气对应不同的植物生长变化、动物运动规律及气温现象。二十四节气是以季节、降水、气温及相关物候变化命名，与之"配套"存在的七十二候通过动物、植物、气象和气候等自然变化现象来指示时间流迁，其取法自然的时间命名方式和择取物候的时间标识特性，铺陈着中国人数千年来与自然和谐相处的生态文明画卷。

二十四节气中，表示四季变化的有立春、春分、立夏、夏至、立秋、秋分、立冬、冬至八个节气；表示天气变化的有雨水、谷雨、小暑、大暑、处暑、白露、寒露、霜降、小雪、大雪、小寒、大寒十二个节气；表示农事的有惊蛰、清明、小满、芒种四个节气。

立春：东风解冻，草木萌动

雨水：东风解冻，散而为雨

惊蛰：阳和启蛰，品物皆春

春分：东风随春归，春色正中分

清明：气清景明，万物皆显

谷雨：雨生百谷，芳菲向暖

立夏：小荷立蜻蜓，夏始昼渐长

小满：最爱垄头麦，迎风笑落红

芒种：梅黄垂垂雨，小麦覆陇黄

夏至：蝉鸣林语间，盛夏日以至

大暑：赤日几时过，清风无处寻

小暑：倏忽温风至，因循小暑来

立秋：不期朱夏尽，凉吹暗迎秋

处暑：离离暑云散，袅袅凉风起

白露：露从今夜白，秋风至此凉

秋分：秋色已过半，收获正当时

寒露：露凝秋寒，农忙之时

霜降：气肃而凝，新冬将至

立冬：秋尽冬始，万物收藏

小雪：雪落无声，冬韵渐浓

大雪：岁暮清欢，流年安暖

冬至：试数窗间九九图，馀寒消尽暖回初

小寒：葵影便移长至日，梅花先趁小寒开

大寒：不有大寒风气势，难开小朵玉精神

二十四节气是我国劳动人民智慧的结晶，是中华民族千百年来世代相传极为珍贵的文化遗产，是中华农耕文明的重要体现。我国劳动人民在漫长的历史长河中不断完善，总结出了各节气的气候特点。二十四节气日期如表1-3-1所示。

表1-3-1　二十四节气日期

月份	日期	节气	月份	日期	节气
2 月	3 至 5 日	立春	8 月	7 至 9 日	立秋
	18 至 20 日	雨水		22 至 24 日	处暑
3 月	5 至 7 日	惊蛰	9 月	7 至 9 日	白露
	20 至 21 日	春分		22 至 24 日	秋分
4 月	4 至 6 日	清明	10 月	8 至 9 日	寒露
	19 至 21 日	谷雨		23 至 24 日	霜降
5 月	5 至 7 日	立夏	11 月	7 至 8 日	立冬
	20 至 22 日	小满		22 至 23 日	小雪
6 月	5 至 7 日	芒种	12 月	6 至 8 日	大雪
	21 至 22 日	夏至		21 至 23 日	冬至
7 月	6 至 8 日	小暑	1 月	5 至 7 日	小寒
	22 至 24 日	大暑		20 至 21 日	大寒

（二）二十四节气的传承

2016 年 11 月 30 日，中国"二十四节气"正式列入联合国非遗名录，这引起了全社会的高度关注。在政府有关部门的推动下，成立了政社多元主体协同的保护传承联盟，不断探索节气文化融入现代生活的路径策略，推动节气传统与现代生活相衔接。相关研究已涉及传承政策保障、文化创意传承、校园教育传承、新媒体传播、社会教育和科学普及等方面。

（三）二十四节气与农业

二十四节气是我国古代劳动人民杰出的创作，两千多年来，它在我国各地广泛流传，成为指导农事活动的有力工具。"五月节，谓有芒之种谷可稼种矣""冬，终也，万物收藏也"。如立春天气晴，百事好收成；春分无雨莫耕田；谷雨无雨会天旱；小暑无雨看大暑，大暑无雨旱三季；秋分白云多，处处好田禾……有关二十四节气的气象谚语指出了节气对农事具有重要指导意义。二十四节气既是对自然生长规律的把握，是对农业生产行为的规范，也是现代农业的行动指南。

中国是传统的农业古国和农业大国，春播、夏耘、秋收、冬藏是从事农业生产的基本节律。农业作为高度仰赖自然的行业，其生产的"铁律"是尊重自然、不误农时，而二十四节气无疑承担着农时"指南针"的重要功能。农谚有云："种田无定例，全靠看节气""节气不饶人，错过节气无处寻"。尽管全国各地在同一节气的农事活动不尽相同，但都将二十四节气作为基本时间坐标，创造出了深具地域性且稳定传承的"节气农事活动表"。二十四节气与春夏秋冬四季变化相对应，立春时气温开始上升，白露时气温下降，这是一条随时间变化的运行轨迹，是农业生产活动的重要依据。节气与物候特点有密切关系，如雨水表示降雨开始增多，气温开始上升；小满表示各种作物开始灌浆，但是还没有彻底成熟；立春表示这一天准备开始进行农事生产活动，举行"打春牛"的活动等。中国农民在二十四节气的时间体系中，编织着灿烂、丰富的中华农耕文明智慧。

耕读故事

炎帝耕播

涿鹿一战，血流成河，土地荒芜，家园破败。

炎帝带领部落残部向中南、南方迁徙，远离征战。有一天炎帝带着几名随从巡视族人的生活状况，看到一群老少族人在凛冽的寒风中寻找被大雪覆盖的草籽，他们衣衫单薄，面容憔悴，因为寻得的一点食物，人群中发出欢呼不已的喧闹声。他又来到另一处山坳，看到一群人为了争夺一只死鹿而拉开架势跃跃欲斗，炎帝急忙上前问明原因，在他的劝说下双方平息了怒火。炎帝继续前行，又遇到一位母亲抱着饿死的孩子在嚎啕大哭，这位母亲向炎帝哭诉食物缺乏，家族里亲人们先后活活饿死。

这几件事情让炎帝日夜思虑，百姓采果实，捕螺蚌昆虫。他召集各族首领，商讨如何解决吃饭的问题。有人说，我们部落也饿死了人；有人说，我们部落过冬的草籽眼看着就要吃完；有人说，冬天去打野兽，收获比春夏少很多。大家议论纷纷，如何能改变靠天吃饭的局面呢？一位老者说，我们能不能收集一些种子，种在水边的土地上。炎帝觉得有道理，集中种植，方便采摘。另一位头脑聪明的猎手说，能不能把捉到的野兽圈养起来，让它们繁衍，供我们冬天打不到猎物的时候享用，性情温顺的牲畜还能用来帮助人。炎帝与部落首领们决定要自己种植谷物，驯养野兽。

炎帝带领众人跋山涉水，翻山越岭，寻求最好的谷种。他们一边走一边找，找到之后跟手中的谷种对比，留下色泽光亮、谷穗紧实、穗支多的种子，丢下秕糠和病株，但收获寥寥。一行人走了七天七夜，就在他们精疲力竭之时，从太阳的方向飞来一只身披五彩云霞的凤凰，遮天蔽日一般绚丽耀眼。众人驻足盯着它看，只见它衔着一株有九支穗的禾草，在飞临他们上空之时，一粒粒金黄色的谷粒闪着亮光如一阵细雨，洒落在不远处的一片向阳之地上。炎帝率领众人向这片向阳之地奔去，到达之后不见那些金光闪闪的谷粒，只有一片嫩绿的禾苗生长在地，禾苗的穗子比平常的更大更长，谷粒也更加饱满。炎帝一群人看着如此优良的庄稼，激动之情无以言表，他们终于不再会因为粮食缺乏而眼看亲人离去了。除了获取良种，炎帝开始教百姓播种五谷，考察土地燥湿肥瘠，以此来种植不同的谷物。炎帝发明了农耕之具（耒耜），驯服耕牛，饲养狗、猪和马。他根据地力的肥瘠不同而分种五谷，使得不同的土地合理利用。

帝尧制历授时

定陶城北、古陶邑之东旧有尧庙，古为帝尧观象制历处。

原始社会末期，中原地区的社会生产已由采集渔猎逐步转向耕种畜养，因此掌握一年四季的变化规律，就显得尤为重要。帝尧之前，古人已经发现了自然界寒暑交替的变化规律，以候鸟的来去鸣止作为季节转换的标志，发明了物候历。相传黄帝时代的少昊氏"以鸟名官"：玄鸟氏司分，赵伯氏司至。玄鸟就是燕子，少昊氏以候鸟燕子的来去确定春分、秋分；赵伯就是伯劳鸟，它的迁徙规律是夏至来、冬至去。宋朝诗人陆游《鸟啼》曾言："野人无历日，鸟啼知四时。"可谓是对古人判断四时的真实写照。物候指时虽能反映季节的变化，但受气候环境的影响很大，往往年无定时，很不稳定。为了准确掌握四时变化规律，古人又继而求助于天象的观察。

《尚书·尧典》："乃命羲和，钦若昊天，历象日月星辰，敬授民时。"帝尧就让掌握天文知识的羲氏与和氏观测天象，推算日月星辰运行的规律，制定历法，把时节告诉人们，指导农业生产。于是帝尧便分派羲仲住在东方的旸谷，观测日出；又派羲叔住在南方的交趾，观测太阳向北运行的情况；再派和仲住在西方的昧谷，观测日落；还派和叔住在北方的幽都，观测太阳向南运行的情况。羲氏、和氏观测天象的主要方法是"昼测日影，夜考中星"，也就是白天用土圭测量日影的长短，初昏时刻观测中天星座。经过长期天文观测，他们发现了四时的变化规律，确定春分、夏至、秋分、冬至四个节气。《尧典》里叫作仲春、仲夏、仲秋、仲冬。"日中星鸟，以殷仲春；日永星火，以正仲夏；宵中星虚，以殷仲秋；日短星昴，以正仲冬。"日中、宵中指昼夜平分，他们就把昼夜时间均等、初昏中天星座为二十八宿中鹑鸟的日期定为"仲春"；把白天时间最长、初昏中天星座为大火（心宿）的日期定为"仲夏"；把昼夜时间相等、初昏中天星座为虚宿的日期定为"仲秋"；把白天时间最短、初昏中天星座为昴宿的日期定为"仲冬"。

由物候历到天文历是历法发展的一大进步，但尧历中仍保留着物候历的痕迹。它把天象观测与鸟兽孳尾（交配繁育）、希革（羽毛稀疏）、毛毨（羽毛重新生长）、氄毛（长出细软的绒毛）等物候现象相对照，从而保证了历法的准确性。

他们通过观测发现，春夏秋冬四季的变化周期为 366 天，"期三百有六旬有六日"（《尚书·尧典》），定为一岁，即现代天文学所谓的回归年，又叫作太阳年。这里的"岁"和常用的"年"是两个不同的概念，岁是阳历，年是阴历。以月亮的圆缺周期为一月，十二次的月盈月缺为一年，时间是 354 天，这就比太阳年的天数少了 12 天。为了解决阴阳历的矛盾，他们又发明了闰月的办法加以调整，"以闰月定四时成岁"（《尚书·尧典》）。帝尧制订的阴阳合历是人类文明史上最早的天文历法，在我国一直沿用了四千多年。

知识拓展

北京冬奥会开幕式
二十四节气　独属于中国的倒计时法

"春雨惊春清谷天，夏满芒夏暑相连。秋处露秋寒霜降，冬雪雪冬小大寒。"这首家喻户晓的《二十四节气歌》，蕴含着丰富的中华传统文化。不同于以往大型赛事中常见的 10 秒倒计时，北京冬奥会采用了二十四节气来进行倒计时，雨水、惊蛰、春分、清明、谷雨、立夏等节气依次呈现，随着立冬的"到来"，倒计时速度也随之加快，最后倒计时"归零"到开幕式当天的立春。配合着古诗文或谚语、俗语，华夏大地的魅力风光和冰雪健儿的运动场景交相辉映。

主题实践活动——探寻身边的耕读文明

1. 参观农耕文化馆或者城市博物馆，通过聆听讲解、观摩实物，感知古代劳动人民的勤劳和智慧，了解家乡、历史、祖辈的生活、农业发展，与同学分享感受到的中国传统农耕文化。

2. 参加劳动实践活动，体验锄头、铁锨、扁担等这些农耕用具，说说他们的外形、使用方法及作用。

3. 学唱二十四节气歌，分析当前所属的节气，了解该节气的民俗活动及农事活动。

耕读经典篇

篇·章·导·读·

我国自古就有"耕读传家"的古训，中华民族"耕读文化"源远流长。所谓"耕"，即从事农业劳动；"读"，即接受文化教育。日出而作，日落而息，坚持"耕"与"读"相结合的生活方式，在农业劳动之余，拿出书来学习，成为古代学子的一种常态与梦想。如《围炉夜话》中说："耕所以养生，读所以明道，此耕读之本原也。"耕读文明中蕴含着天人合一、知行合一、自立自强、修身立德等思想理念，蕴含着应时守则、出入相友、守望相助、父慈子孝、敬老孝亲、吃苦耐劳等中华民族优秀的精神品格。今天，耕读文明所依赖的经济社会基础已经大不相同，但这些思想理念仍有重要的时代价值。

模块一

励学劝学

前言导读

子曰:"学而不思则罔,思而不学则殆"。欧阳修说:"立身以立学为先,立学以读书为本"。这些圣贤都在强调学习的重要意义与目的。唯有学习,方能致远。本模块主要围绕"励学劝学"思想的发展历程,从古代"励学劝学"思想到近现代"励学劝学"思想,以期更好地理解学习的重要性。

知识导航

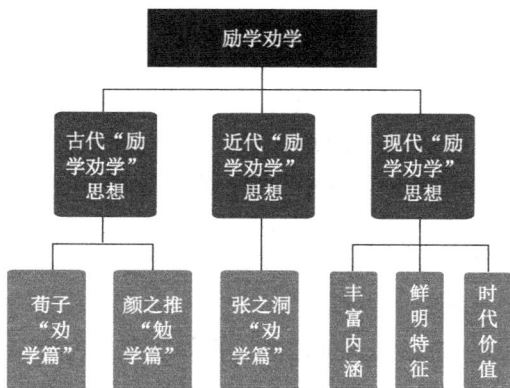

主体内容

古代"励学劝学"思想

历史上以"励学""劝学""勉学"为题作文者甚多,如荀子、吕不韦、贾谊、戴德、王符、颜之推、韩愈等。"劝学"作为一个词语出现于《左传》:"敬教劝学,授方任能。"荀子作《劝学》名篇流传至今,劝学即鼓舞劝勉他人勤奋向学,努力读书。《论语》《吕氏春秋》等传统篇目中都贯穿劝学主张,劝学作为中华民族的思想代代相传影响深远。

(一)荀子"劝学篇"

荀子,乃战国时期思想家、教育家,《劝学》是他创作的一篇论说文。在文章中,荀子以生动形象的譬喻,循循善诱地阐述了知识的重要性与学习的方法。他认为:"木受绳则直,金就砺则利,君子博学而日参省乎己,则知明而行无过矣。"要达到此境界,就必须循序渐进,锲而不舍地坚持学习。

1. 德智并进，德育优先

荀子秉承了儒家德育优先的教育传统，在《劝学》中说："是故权利不能倾也，群众不能移也，天下不能荡也。生乎由是，死乎由是，夫是之谓德操。德操然后能定，能定然后能应。"荀子认为培养学习的德操，成就高尚的人格是为教为学的根本所在，要做学问，则先要学会做人，仅为一己之私，追求的学问是狭隘的、不全面的。

2. 持之以恒，学不可已

《劝学》开篇即曰："学不可以已。青，取之于蓝，而青于蓝；冰，水为之，而寒于水……君子博学而日参省乎己，则知明而行无过矣。"无论面对困难挫折还是暂时的成绩，求学之路都是不可以停滞不前的。没有专心致志的学习和坚持不懈的精神就体悟不到豁然畅达的大智慧，更难以立下刚健有为的功业。"积土成山，风雨兴焉；积水成渊，蛟龙生焉；积善成德，而神明自得，圣心备焉。故不积跬步，无以至千里；不积小流，无以成江海。骐骥一跃，不能十步；驽马十驾，功在不舍；锲而舍之，朽木不折；锲而不舍，金石可镂。"圣贤的境界与学识并非骐骥一跃就可以达成的，治学修习先从简易处入手，伴以恒心和毅力，一点一滴做起，一步一步完成。那么虽资质鲁愚之人，通过积累磨砺、深思明察，亦可以成为圣贤。

3. 从贤师良友而学

荀子在《劝学》中称："学之经莫速乎好其人，隆礼次之。上不能好其人，下不能隆礼，安特将学杂识志，顺《诗》《书》而已耳。则末世穷年，不免为陋儒而已。"这就是说，学习的途径没有比从良师而学更为有效的了，没有老师的指引，只是学习一些杂乱的知识、无用的末节，到老也只是一个学识浅陋的书生而已。在《荀子·儒效》中说："故人无师无法而知，则必为盗；勇，则必为贼；云能，则必为乱；察，则必为怪；辩，则必为诞……故有师法者，人之大宝也；无师法者，人之大殃也。"贤师被荀子喻为人生之大宝，因为贤师益友可以营造一个积极上进的学习环境和人文环境。

4. 总结学教方法，注重实践

荀子在《劝学》中说道："吾尝终日而思矣，不如须臾之所学也；吾尝跂而望矣，不如登高之博见也。登高而招，臂非加长也，而见者远；顺风而呼，声非加疾也，而闻者彰。假舆马者，非利足也，而致千里；假舟楫者，非能水也，而绝江河。君子生非异也，善假于物也。"因此，掌握好教学方法和学习方法，学会寻找外部资源为我所用，则能起到事半功倍之效。纵观人类历史，从原始社会发展到今天社会的高度文明，在于人善于总结经验教训，制造新的生产工具，改进生产方式。这些经验和方法不仅适用于生产实践，同样可以应用于教书育人。荀子认为，实践是总结教学方法的必由之路，在实践中探索新的教学方法，再用其指导新的教学实践，从而形成良性互动循环。

（二）颜之推"勉学篇"

在我国的历史上，家风一直是备受关注的，望子成龙、望女成凤是为人父母的一大理想。《颜氏家训》成书于隋文帝灭陈以后，隋炀帝即位之前（约公元6世纪末），是颜之推记述个人经历、思想、学识以告诫子孙的著作。颜之推历经了梁、西魏、北齐、北周、隋五个王朝，几次被俘。《颜氏家训》（图2-1-1）中也提到劝勉族中子弟学习。

"人生在世，会当有业，农民则计量耕稼，商贾则讨论货贿，工巧则致精器用，伎艺则沉思法术，武夫则惯习弓马，文士则讲议经书"（《颜氏家训·勉学》）。一个人在社会上必定要有自己安身立命的事业，无论是做哪个行当，都要身体力行、认真敬业。做一个农民，要认真测量计算与耕种有关的事项，雨水、天气、播种、收割都是要用心的，并不是把种子扔进土里就可以等待收货的。做一个商人，需要把金玉布帛的行情了解透彻，知道买方需求，了解卖方供应，如果不认真了解这些也做不好一个商人。做一个工匠，应该有过硬的手艺，把器具做得精致美观。那么多工匠，只有钻研本领才能出人头地。做一个艺人，要认真练好自己的演技水平，认真思考揣摩一招一式。做一个文人或者武士，也要苦读经书和精练武艺。

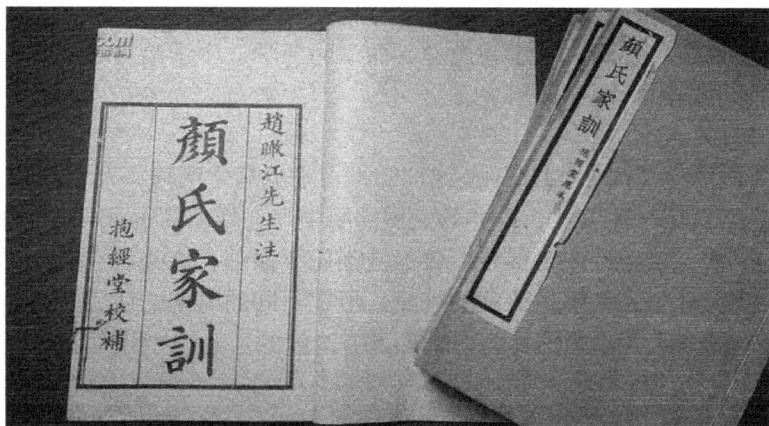

图 2-1-1　颜之推《颜氏家训》

在颜之推看来，后人无论做什么都可以，只要在行业里认真钻研即可。他没有看不起武夫也没有看不起农民，没有刻意要求子孙后代必须识文断字。

"夫命之穷达，犹金玉木石也；修以学艺，犹磨莹雕刻也。金玉之磨莹，自美其矿璞；木石之段块，自丑其雕刻。安可言木石之雕刻，乃胜金玉之矿璞哉？不得以有学之贫贱，比于无学之富贵也"（《颜氏家训·勉学》）。人一生的命运是穷困潦倒还是飞黄腾达，这个问题可以用金玉木石来比喻。钻研学问，掌握本领，就好像琢磨与雕刻的手艺。琢磨过的金玉之所以光亮好看，是因为金玉本身是美物；一截木头、一块石头之所以难看，是因为尚未经过雕刻。但怎么可以说经过雕刻的木石就胜过未经琢磨的矿璞呢？所以，不能以有学问的人的贫贱，去与那无学问的人的富贵相比。

颜之推认为，不要把自己身份的低微看成是不学习的理由，也不要拿自己有学问的身份低微跟没学问的富贵之人对比。学习是为了改善生活状态和充实自己的精神世界，如果不能飞黄腾达，也要能安于做自己，因为世事并不是以人类的意志为转移的。即使有不公平，也不是我们放弃自己的理由。

"夫所以读书学问，本欲开心明目，利于行耳"（《颜氏家训·勉学》）。读书做学问，不要紧盯着功名利禄、飞黄腾达，这不是读书的要义。读书做学问的本意是要使人充实自己，在精神上得到满足。多读书可以让人心胸开阔、眼界更高，可以在为人处世的时候更加得体。

颜之推看来，不忠不孝、怯懦暴戾和吝啬骄奢的人都是无法管理好自己的行为。多读书就可以让不忠不孝的人明白如何孝敬父母、尊重师长；可以让怯懦的人变得勇敢，让暴戾的人时刻控制自己的情绪；让吝啬的人重义轻财、少私寡欲，也可以让骄傲奢侈的人学会恭俭节约、谦卑养德。

近代"励学劝学"思想

（一）张之洞"劝学篇"

张之洞（1837 年—1909 年），晚清朝廷重臣，洋务派的代表人物。除在政治、思想、工业等领域有很大的影响力外，还在教育方面有很大的贡献。1898 年，张之洞撰写的《劝学篇》更全面阐述了他的观点，提出"中学为内学，西学为外学，中学治身心，西学应世事"的观点，主张先明内学，然后择西学以用之。

1. 学习的地位和作用

张之洞在《劝学篇》（图 2-1-2）中提出"窃惟古来世运之明晦，人才之盛衰，其表在政，其里在学。"国家的命运系于人才，人才的发展需要学习。当前的国家已经到了需要"保国、保教、保种"的时候，要保种先要保教，要保教则先要保国。这些观点鼓励兴学以智民，达到强国的目的，在当时是为了维护清朝的统治，但在不同的时期，认为学习能造就人才，国家的强盛、发展有赖于重视人才培养的思想都是有价值的。

图 2-1-2　张之洞《劝学篇》

2. 学习的内容

在国家危急的时候，张之洞的学习观给学习赋予了保国、保教、保种的地位，具有启智、强国、救亡、去毒的功效和作用，对于学习什么内容，当时的旧学与新学之间存在着激烈的冲突，"图救时者言新学，虑害道者守旧学，莫衷于一。旧者因噎而废食，新者歧多而羊亡。旧者不知通，新者不知本。不知通则无应敌制变之术，不知本则有菲薄名教之心。""学者摇摇，中无所主，邪说暴行，日流天下。敌既至无与战，敌未至无与安，吾恐中国之祸，不在四海之外，而在九州之内矣！"面临这种冲突的局面，张之洞主张有限度地采西学，变旧法，以旧学为体、西学为用的取舍标准。

张之洞关于"中西兼学，新旧兼学，中学为体、西学为用"的学习内容设计和选择上是在西学东渐。这是在新学和旧学之间存在极大的分歧的情况下提出的，采取了一种有限度的采西学、变旧法。虽然被批评为保守，维护旧有的社会等级秩序，严守三纲五常的道德规范，但这在客观的情况下促进了新学制的实施和执行，深刻地影响了清末与民国的教育，为新人才的培养提供了可行的途径。

3. 学习的方法

对于学以益智，中西兼学，张之洞的《劝学篇》中不同的篇章里面阐述了一些具体的方法，归纳为去妄去苟、择善而学、循序、守约、会通、广译、阅报等。

4. 学习动机和学习效果

"今日之世变，岂特春秋所未有，抑秦汉以至元明所未有也。语其祸，则共工之狂、辛有之痛，不足喻也。"张之洞的《劝学篇》是在这样的时代背景下写成的。他的《劝学篇》中激励国民有学、有力、有耻，他的学习观中必然带有深刻的时代烙印，要知耻知惧，有爱国之心和使命感，才能破除无学、无力、无耻、则愚且柔的国家时势，知耻、知惧成为学习的动力，学习的效果则是能知变、知要、知本。

现代"励学劝学"思想

"励学劝学"思想有着深厚的理论渊源和文化底蕴，内涵丰富、意蕴深刻。它依据不同的场景针对不同的人群生动阐释了为什么学、学什么、怎样学的本质内容，体现出高瞻的战略性、鲜明的时代性和有力的针对性。认真领悟并践行这些思想精髓，对于发展我国教育事业、开拓人民群众的学习思路具有重要的时代价值。

（一）丰富内涵

1. 立足中华优秀传统文化精准回答"为什么学"

中华优秀传统文化凝聚了先哲的思想智慧，其中关于"励学劝学"的论述影响深远，对于当代人摆正学习态度、增强文化自信具有重要意义，为现代"励学劝学"思想提供了渊源和依据。中国关于"励学劝学"的思想可以追溯到儒家、墨家、道家等思想，如"因材施教""学思结合""知行合一"等。

2. 契合国家民族发展需求精确回答"学什么"

新时代青年学生的"励学劝学"思想应更多地体现在学习态度、学习兴趣和人生选择与发展等方面。对于中学生，应更注重学生阅读的深度和广度、读书的习惯、品行养成等方面的教导。学生是祖国未来发展的希望，让学生养成良好的学习和阅读习惯，有益于个人素质的提高，也是为国家社会主义现代化建设储备人才。

3. 紧扣相关理论与实践经验精细回答"怎样学"

现代"励学劝学"思想是对新时代青年学生关怀与重视的重要体现。青年学生不仅要掌握学习的重要性和学习内容，更要学会学习的途径和方法。要善于学习，注重理论联系实际；乐于学习，享受学习的过程与乐趣；坚持学习，发扬"挤""钻"精神，在学习中涵养人生境界。

（二）鲜明特征

"励学劝学"思想是时代发展的产物。现代"励学劝学"思想以马克思主义为根本底色，以中华优秀传统文化为借鉴，以自身学习成长经历为典范，展现出科学性、鲜明时代特色和针对性特征。

1. 聚焦时代，具有战略发展性

当代青年生逢盛世，肩负着时代使命，与时代同向同行。无数文人志士勉励当代青年学生发奋学习，在担当中历练，在尽责中成长，引导青年积极投身于伟大事业，不断加强思想教育、实践锻炼和专业训练，在实践中感受国家经济社会发展所取得的重大成就，以增强自信心和自豪感，实现自我提升和自我发展。

2．尊重情势，具有鲜明时代性

现代"励学劝学"思想正是立足于我国当前发展的实际，放眼世界复杂形势变化，结合青年学生教育实践，对学习教育目标与任务做出了更为系统和全面的阐述，帮助青年学生树立人生目标，推动当前我国学习教育常态化、长效化的发展。每个时代的青年都有自己的际遇和选择，青年要结合时代的发展来创造新的人生。广大青年学生需要在学习中涵养学识、增长才干，知史爱党、知史爱国，肩负起新时代的使命与责任。

3．分门别类，突出针对性

现代"励学劝学"思想尊重青年学生的学习成长规律，在充分信任学生的基础上，为学生的"善学"提供针对性的指导和帮助。注重青年价值观的养成，倡导以榜样的示范引领作用来指导学生做出人生选择。鼓励青年学生把握好自己的青春年华，苦练本领，将青春投入到学习科研当中，为社会主义事业奋斗终生。

（三）时代价值

1．树人启航：为广大学生奠定科学的学习理念

现代"励学劝学"思想中终身学习的理念对于新时代的学生来说至关重要。广大学生只有将个人的青春奋斗融入国家和人民的事业当中，才能够实现自身的发展，彰显人生价值。

2．引路领航：为我国教育事业快速发展指明前进的方向

现代"励学劝学"思想为当前我国教育事业的建设改革提供了一个有效可行的目标，有助于学校细化各阶段教学目标，实现各学段的学生价值观的树立与培养。现代"励学劝学"思想对于不同学段的学生学习有着不同的要求，符合各阶段学生身心发展规律和可接受程度，能够实现一环扣一环、循序渐进的学习教育，有利于学生价值观的树立与培养。

3．保驾护航：为社会主义现代化强国稳步建设提供有力支撑

面对国际社会波谲云诡的复杂局面，只有抓住发展机遇，才能为国家发展赢得有利的时间和空间因素。"励学劝学"思想引导学生开拓思维，始终坚持用发展的眼光看待问题，有助于树立人才意识，营造有利于人才发展的社会环境，不断加强对人才的引领与吸纳。这一思想倡导在对外交流中体现大国涵养和传统韵味，推动不同文化之间的交流互鉴，体现大国的责任与担当，共同维护文化多样性。

耕读故事

囊萤映雪

"囊萤"，讲的是晋代学者车胤的故事。

晋代时，车胤从小好学不倦，但因家境贫困，父亲无法为他提供良好的学习条件，为了维持温饱，没有多余的钱买灯油供他晚上读书。而他只能利用这个环境、时间背诵诗文。

夏天的一个晚上，他正在院子里背文章，忽然见许多萤火虫在低空中飞舞。一闪一闪的光点，在黑暗中显得有些耀眼。他想，如果把许多萤火虫集中在一起，不就成为一盏灯了嘛！于是，他去找了一只白绢口袋，随即抓了几十只萤火虫放在里面，再扎住袋口，把口袋吊起

来。虽然不怎么明亮，但可勉强用来看书了。从此，只要有萤火虫，他就去抓一把来当作灯用。

车胤由于勤学苦练，后来终于做了官。

"映雪"，讲的是晋代学者孙康的故事。

孙康也是晋代人，他的情况也跟车胤相似。由于没钱买灯油，晚上不能看书，只能早早睡觉。他觉得让时间白白浪费，非常可惜。

一天半夜，他从睡梦中醒来，把头侧向窗户时，发现窗缝里透进一丝光亮。原来，那是大雪映出来的。为何不借用雪光来看书呢？孙康倦意顿失，立即穿好衣服，取出书本，来到屋外。宽阔的大地上映出的雪光比屋里要亮多了。孙康不顾寒冷，立即看起书来，手脚冻僵了，就起身跑一跑，同时搓搓手指。此后，每逢有雪的晚上，他就不放过这个好机会，孜孜不倦地读书。

这种苦学的精神，促使孙康学识突飞猛进，成为饱学之士。

孙权劝学

初，权谓吕蒙曰："卿今当涂掌事，不可不学！"蒙辞以军中多务。权曰："孤岂欲卿治经为博士邪？但当涉猎，见往事耳。卿言多务，孰若孤？孤常读书，自以为大有所益。"蒙乃始就学。

及鲁肃过寻阳，与蒙论议，大惊曰："卿今者才略，非复吴下阿蒙！"蒙曰："士别三日，即更刮目相待，大兄何见事之晚乎！"肃遂拜蒙母，结友而别。

译文：起初，孙权对吕蒙说："你现在当权掌管政事，不可以不学习！"吕蒙用军中事务繁多的理由来推托。孙权说："我难道想要你研究儒家经典，成为传授经书的学官吗？我只是让你粗略地阅读，了解历史罢了。你说军务繁多，谁比得上我事务多呢？我经常读书，自己觉得获益颇多。"吕蒙于是开始学习。

等到鲁肃到寻阳的时候，鲁肃和吕蒙一起谈论议事，鲁肃十分吃惊地说："你现在军事方面和政治方面的才能和谋略，不再是以前那个吴县的阿蒙了！"吕蒙说："与读书的人分别几天，就应当用新的眼光看待，长兄你知晓事情怎么这么晚啊！"于是鲁肃拜见吕蒙的母亲，和吕蒙结为好友后分别了。

名人名言

黑发不知勤学早，白首方悔读书迟。

——颜真卿

模块二

家风家训

前言导读

中华民族素有"礼仪之邦"的美誉，历来重视家教。历史上见诸典籍的家训并不少见，其中为后人称颂的也很多，这些家训成为日常生活行为规范的重要组成部分。传承和弘扬优秀家风家训，彰显其时代价值是新时代实现中华优秀传统文化创造性转化和创新性发展的必然选择。取其精华，去其糟粕，将家风家训中的精华融入新的道德建设中，能够对个人、家庭乃至整个社会产生积极的影响。本模块围绕家风家训内容展开学习，以期更好地传承和弘扬优良家风。

知识导航

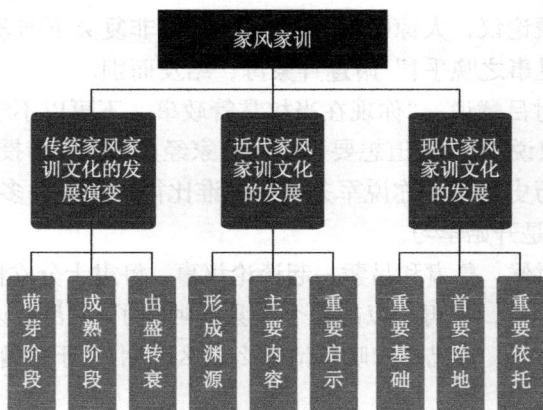

主体内容

传统家风家训文化的发展演变

浩瀚悠久的中国传统家训文化，从孕育发端到成熟壮大，有一个漫长的发展历程。这一历程既是传统家训文化从形式到内容日臻丰富、完善的过程，也是传统家训文化不断与发展变化的社会历史背景相磨合、相适应的过程。一般认为，我国传统家训文化的发展史大体上可以划分为先秦的萌芽阶段、汉唐的发展成熟阶段及宋元明清至近代的由盛转衰阶段。

（一）萌芽阶段

先秦时期是指从原始社会时期开始，经过夏商周三朝的奴隶社会时期，一直到封建制度确立的春秋战国时期这段时间。这个历史阶段是传统家风家训文化的萌芽阶段。

据史书记载，现存最早的家训产生于周初的王室，其中以周公的家训最具代表性。周公，即姬旦，是周文王之子，武王之弟，成王之叔父。武王死后，由其辅佐年幼的成王，代为管理政事。周公的家训主要是针对儿子伯禽、侄子成王及胞弟康叔，这些家训以诰命的形式散见在古籍《尚书》中的《康诰》《酒诰》《无逸》《梓材》等篇目。通过对这些篇目的梳理，我们可以大体上将周公家训的内容概括为勤政爱民、戒奢戒逸、选贤任能这几个方面。周公家训不仅注重个人修养，开创了德教传统与帝王家训之先河，而且更为重要的是周礼对日后中国社会的伦理秩序和伦理生活范式产生了深刻而持久的影响。

除了周公家训，在春秋战国时期，以孔孟为代表的儒家圣贤也阐发了诸多的家庭教育理念，并且将那个时期具有普遍意义的家训进行提炼，反映在《论语》《孟子》《春秋》《诗》《书》《礼》《易》等元典中，而元典中的这些教育思想又成为后世家训的标准、经典。

总之，先秦家训作为中国传统家训文化的"原点"，基本上都是一问一答的对话式家训，而且由后人追忆、整理才得以流传，因此这个时期的家训是零碎的、不完整的，家训中的很多方面也没有展开叙述。

（二）成熟阶段

经历了先秦时期的孕育，家训文化在汉唐期间逐步发展，并且在隋唐时期走向成熟。自秦朝灭亡，刘邦建立汉朝，实行"罢黜百家，独尊儒术"的政策后，儒学一跃成为文化主流，经学也扶摇直上成为官方哲学，以"三纲五常"为核心的儒家伦理成为不可动摇的礼教。然而，魏晋南北朝时期的社会动荡，导致了玄学的崛起、道教的勃兴与隋唐佛教的传入，从而打破了以儒学为独尊的文化模式，取之以儒、玄、道、佛相互冲突和相互融合的多元激荡的发展格局。与此同时，政治舞台的角色更迭、选官制度的更新换代、家族制度的不断加强等都使得家训在此期间进一步发展，传统家训文化迎来新的发展高潮。

1．家训数量的大幅增长

家训在先秦萌芽期还只是一种口头式训诫，发展到两汉时期不仅有口头家训，还出现了成文家训，三国时期诸葛亮的《诫子书》《诫外甥书》、向郎的《遗言诫子》、郝昭的《遗令戒子》、嵇康的《家诫》、两晋时期王祥的《训子孙遗令》、羊祜的《诫子书》、陶渊明的《与子俨等疏》、南朝宋颜延之的《庭诰》、梁徐勉的《诫子崧书》，还有作为传统家训文化集大成者颜之推的《颜氏家训》，这部著作标志着传统家训的成熟。

2．家训内容的渐趋丰富

在汉唐时期，随着家训发展，不少文人自觉著述家训，不光援引、阐释先秦原典中的家训，而且还增扩了许多内容，并逐渐地理论化、系统化。例如，汉唐家训中有关于教导子孙勤奋读书、慎重交友、孝敬父母、为官清廉、节葬戒奢等多个方面的内容。《颜氏家训》共有七卷，二十篇，囊括了此前上百篇家训的所有方面，具体说来有教育子女要严爱均等的《教子》篇、兄弟应当和睦无间的《兄弟》篇、造成父子不和的《后娶》篇、细致入微的《治家》篇、择贤而交的《慕贤》篇、《勉学》篇等内容。《颜氏家训》内容全面详备，务实切用，系统论述了教育的内容、方法、原则及目标，形成了完整的理论体系，是我国传统家训文化的奠基之作。

汉唐时期是我国传统家训史上重要的发展期、成熟期，这个阶段的家训不仅明确提出了家训、家教、家诫、家学等基本概念，而且出现了遗训、家书、女训、母训、家训诗等表现形式，隋唐时期更是出现了体系完整的专著，在训诫内容上不仅更加广泛，而且更为深入、系统，这是我国传统家训文化迅猛发展走向成熟的鲜明标志。

（三）由盛转衰

宋元明清时期是我国传统家训文化发展史上的第三个时期，也是古代家训的鼎盛时期。随着中国传统社会政治、经济格局的变迁，以及传统文化渐趋精密化和成熟化，这个时期的家训也呈现出鲜明的时代特征，同时又反映出我国传统家训已经处于由盛转衰的阶段，最终从明清的顶峰滑向了近代的低谷。

在宋元明清期间出现了有关于家训汇编的类书、丛书。南宋年间，学者刘清之广泛地搜集了先秦至宋代的家训内容，并编纂成册，汇成了我国南宋以前的家训大观——《戒子通录》。明清时期，朝廷调集大量人力物力，编纂了大型类书《古今图书集成》和大型丛书《四库全书》等文献典籍。这次编纂可以说是将明清以前有史可查的家训资料统统收录并整理分类。大型图书的编纂对于传统文化的传承和发展具有不可磨灭的贡献，也标志着传统家训文化已经到达顶峰，进入到了总结阶段。

这个时期的家训内容极大丰富，家训功能进一步拓展，家训具有了社会性。随着唐代世家大族走向衰落，宋代封建家族制度正式形成，累世同居的大家族和聚族而居的大家庭组织日益增多，为了管理多达几百口、上千口的大家族，家法、族规及以"德业相劝、过失相规、礼俗相交、患难相恤"为宗旨的乡规、乡约等形式的家训也随之得到了史无前例的发展。此时家训已经超越了个体家庭或家族的范围，普及到了民间，其影响力已经达到相当规模，具有了普遍的社会教化功能。到了清代，这类家训更是条文细密、处罚严厉，赋予了家训制度化、法律化属性，有训斥、罚跪、记过、锁禁、罚银、革胙、鞭板、鸣官、不许入祠、出族、处死等不同等级的处罚方式，家训已经发展得非常完备、精细。

到了封建社会后期，鸦片战争的失败不仅使中华民族遭遇了"亡国""亡天下"的民族危机，而且封建经济、政治制度及思想文化也遭到严重危机。传统家训文化既在夹缝和冲突中有所转型、有所发展，出现了以曾国藩、李鸿章、左宗棠、张之洞为代表的洋务派家训，以郑观应、梁启超为代表的维新派家训等。他们的家训都以家书形式为主，不同程度地吸收了西方的科学文化及伦理思想，增添了平等、独立、民主等新内容，松动了封建伦理道德的束缚。但是即便如此，他们也无力扭转传统家训文化从巅峰到低谷的衰落趋势，发展了几千年的传统家训文化已接近尾声。

近代家风家训文化的发展

近代家风家训文化内涵丰富、意义深远，是近代人民高超智慧和崇高人格的生动表达，对新时代的家风建设具有重要启示。

（一）形成渊源

近代家风家训文化的形成，有着深厚的历史和文化渊源。自古以来，中国就是一个重视家庭伦理和社会责任的国家，家庭作为社会的基本单元，承担着文化传承和社会教育的重任。

晚清时期，著名政治家、文学家曾国藩的家训成为近代家风家训文化的重要代表。曾国藩对中华优秀传统文化有着深入的研究，他的家训以儒家经典为基础，倡导孝悌、勤俭、虔敬等家庭教育理念。在《曾国藩家书》（图2-2-1）中，他反复强调家庭成员要互相尊重、理解，注重个人修养，以孝为先，同时要求子女勤勉学习，保持谦逊。这些理念不仅来源于儒家经典，更在实践中得以升华，形成了独具特色的家风家训。

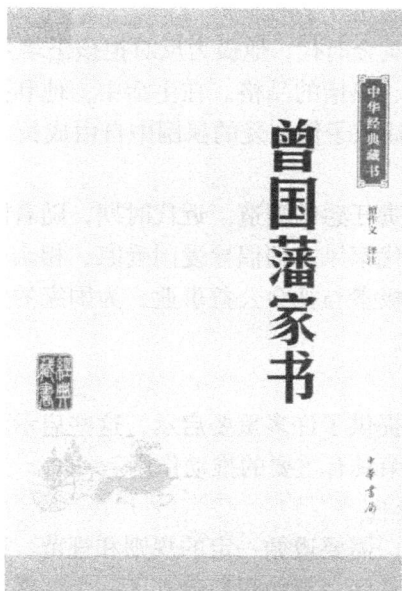

图 2-2-1 　《曾国藩家书》

同时，近代家风家训的形成还受到了社会变革的影响。随着封建社会的逐渐解体，家庭结构发生了深刻变化，传统的家族制度逐渐式微，单一、简单的家庭结构模式逐渐兴起。这种变化使得家风家训的内容也随之调整，更加注重个人品德的培养和社会责任感的塑造。

（二）主要内容

近代家风家训文化的主要内容丰富多彩，涵盖了家庭伦理、个人品德、社会责任等多个方面。

1. 家庭伦理

家庭伦理是家风家训的核心内容。近代家风家训强调孝敬父母、夫妻和睦、兄弟姐妹相亲相爱等家庭伦理关系，倡导家庭成员之间的尊重、理解和互助。

梁启超有九个子女，在他的教育、引导下，都成为各自领域的专家，甚至还产生了"一门三院士"的佳话。梁启超在写给孩子们的信中，不仅表达了对他们的深厚感情，还强调了家庭和睦、互相尊重的重要性。他教导孩子们要孝顺父母，关心兄弟姐妹，共同维护家庭的和谐与稳定。

鲁迅在教育儿子周海婴时，注重培养他的独立性和自主性，但同时也不忘教导他要尊重长辈、关心家庭。鲁迅的教育方式既严格又充满爱，使得周海婴在成长过程中形成了良好的家庭观念。

2. 个人品德

个人品德的培养也是近代家风家训的重要内容。近代家风家训注重培养个人的诚实守信、勤劳奋斗、自强不息等品质，这些品质不仅有利于个人的成长和发展，也为社会的进步和繁荣提供了动力。

钱基博对儿子钱钟书的管教极严，希望他能够成为一个仁人君子，而不仅仅是名士。他教导钱钟书要淡泊名利，注重品行修养，做一个有道德、有责任感的人。钱钟书在父亲的教导下，逐渐形成了诚实守信、勤勉好学的品质。

丰子恺认为童年是人生的黄金时代，他极力反对把孩子培养成"小大人"。他注重培养孩子们的独立精神和率真、自然、热情的品格。在生活中，他和孩子们特别亲近，抱孩子、喂孩子吃饭、唱小曲逗孩子等，让孩子们在爱的氛围中自由成长。

3. 社会责任

近代家风家训还强调社会责任感的塑造。近代时期，随着国家和社会的发展，个人的社会责任感也显得尤为重要。近代家风家训倡导爱国爱家、相亲相爱、向上向善等价值观，鼓励家庭成员关注国家大事、积极参与社会公益事业，为国家的繁荣富强和社会的和谐稳定贡献自己的力量。

（三）重要启示

近代家风家训文化为我们提供了许多重要启示，这些启示不仅对于家庭建设具有指导意义，也对于社会发展和国家繁荣具有重要的推动作用。

1. 家庭纪律和秩序的重要性

家庭作为社会的基本单元，需要遵循一定的规则和规范，以保持和谐的家庭氛围。近代家风家训通过强调家庭纪律和秩序，帮助我们建立了一个温馨和睦的家庭环境，为家庭成员的成长和发展提供了有力的保障。

2. 家庭价值观的传承

家庭是价值观的重要源泉，一个好的家风家训能够传递正面的价值观念，如助人为乐、诚实守信、勤劳奋斗等。这些价值观不仅有助于个人品德的培养，也为社会的进步和繁荣提供了精神动力。

3. 家庭教育的重要性

家庭是孩子最早接受教育的地方，父母是他们最重要的导师。近代家风家训通过强调家庭教育的重要性，提醒我们要注重孩子的品德教育和素质培养，为他们未来的发展奠定坚实的基础。同时，也强调了父母在家庭教育中的责任和作用，要求父母以身作则，为孩子树立良好的榜样。

4. 家国同构的理念

家庭和国家在本质上是同呼吸、共命运的共生关系。近代家风家训倡导爱国爱家、相亲相爱等价值观，鼓励我们将个人的命运与国家的命运紧密联系在一起，为实现中华民族伟大复兴贡献自己的力量。这种家国同构的理念不仅有助于增强民族凝聚力和向心力，也为我们每个人的人生价值提供了更广阔的舞台和更深远的意义。

现代家风家训文化的发展

"天下之本在国，国之本在家。"

（一）重要基础

家庭建设是个人幸福、社会进步和国家发展的重要基础。

"注重家庭"是家庭建设的前提。家庭是个人幸福生活的港湾。家不只是人们身体的住处，更是人们心灵的归宿。无论过去、现在还是未来，绝大多数人都生活在家庭之中；无论人们身处何方、境况如何，其内心始终为亲情所牵、为家庭所绊，家庭在人们心中的地位无可动摇。新的技术、观念、生活方式的出现也许会冲击和改变未来人们的家庭结构和家庭生活模式，但并不会动摇由血缘纽带和亲情关系所维持的家庭存在的本质。同时，还应看到，随着我国经济社会发展不断推进，我国城乡家庭的结构和生活方式发生了新变化，家庭成员的流动性不断增强，人民群众热切期盼高质量的家庭生活和精神追求。这些新情况、新问题给新时代家庭建设提出了新课题。在家庭建设实践中，我们要树立新的家庭观念，顺应时代潮流变化，深化文明家庭创建，维护家庭的和谐稳定，建立融洽的家庭关系，建设更高质量的家庭生活。

家庭是社会的细胞。家庭是以婚姻和血缘为纽带，是社会制度的产物，是最基本的社会组织形式。马克思主义认为，在生产、交换和消费发展的一定阶段上，就会有一定的社会制度、一定的家庭等级或阶级组织。家庭从本质上说是一种社会关系，而且家庭起初是唯一的社会关系。随着社会发展进步的需要，后来又产生了其他更多的新的社会关系。更多的社会关系生成后，家庭就成为了个人与社会沟通的桥梁和纽带，每个人都从家庭走向社会进而开启社会化进程。家庭的演进历程告诉我们，家庭的和睦、幸福、文明都与社会休戚与共。只有家庭这个基本细胞健康有活力，社会这个有机体在结构上才能平衡，在运行上才能顺畅，在发展上才能持续。

家庭是国家的根基。"家是最小的国，国是千万家。"中国自古就有"修身、齐家、治国、平天下"的优良传统，主张以己推人、由近及远，"老吾老，以及人之老；幼吾幼，以及人之幼"，并逐渐演进为"民胞物与"的精神自觉与以天下为己任的责任意识，提倡"家事国事天下事，事事关心"。这种将个人发展的需求与社会进步的诉求结合在一起的道德自觉，成为了"家国天下"的重要思想基础。在新时代，家与国的根本利益是一致的，家庭的前途命运同国家的前途命运紧密相连。国家富强、民族复兴，最终要体现在千千万万个家庭的幸福美满上。千家万户都好，国家才能好，民族才能好。由此可见，在家与国的辩证统一关系上，家是构成国的基本因子，国是维护家的可靠屏障；家庭建设不仅是家庭幸福的根本保障，也是国家建设的逻辑起点和深厚基础。

（二）首要阵地

家庭教育是推进以德树人、全面育人的首要阵地。

家庭教育是家庭精神内核的具体体现。可见，家庭在个体进行"社会人"角色转换的过程中，在为社会培养合格公民的问题上，起到了基础性甚至决定性的作用。

家庭教育是孩子的第一课堂。教育发端于家庭之中，家庭教育承担着启蒙养正、明理成人的重担。父母则是挑起这一重担的第一责任人，也是孩子的第一任老师。中华民族历来重视家庭教育，至今流传着"爱子之道在于教，教子之道在于严。严，斯成也"的古训，流传着孟母三迁、岳母刺字、画荻教子等家庭教育的典故。从现代教育分工来看，教育可分为家庭教育、学校教育和社会教育等三个方面。学校教育重在知识传授，社会教育重在面向成人劳动者，而家庭教育则是人最初智慧启蒙和文化开蒙的第一场所，并纵贯人的一生，持续不断地起作用。在家庭中，父母的一言一行都是对子女的示范教育，父母的价值观、人生态度、生活习惯等为子女判断是非、分辨对错提供了重要参照，并在子女的整个人生中都将起到重要影响作用。可见，家庭教育是教育的起点，也是子女接受教育的第一课堂，关系着孩子的前途和未来。

家庭教育是品德教育的首要阵地。家庭教育在潜移默化、耳濡目染中，对人的一生发挥着独特而重要的基石性作用，形成了一个人世界观、人生观、价值观的雏形。青少年时期不仅是生长发育的关键时期，更是价值观形成和确立的关键时期。良好的家庭教育，能够把美好的道德观念传递给孩子，能让他们在人生"拔节孕穗期"树立正确的"三观"，引导他们有做人的气节和骨气，长大后成为对国家和人民有用的人。同时，家庭教育的内容与社会主义核心价值观的要求有相通之处，通过家庭的培育和践行，能够使社会主义核心价值观更加生活化、常态化，更容易渗透到日常生活的方方面面，成为人们发自内心遵守的行为规范。

（三）重要依托

家风家训建设是完善国家治理的重要依托。

家风家训是一个家庭代代相传沿袭下来的体现家庭成员精神风貌、道德品质、审美格调和整体气质的家庭文化风格。好的家风家训引领人向上向善，不良的家风家训却会败坏社会风气，贻害无穷。家风家训诞生于家庭，却不局限于家庭，其形成和发展始终与社会风潮相适应，又潜移默化影响着国家治理。

家风家训是影响社会风气的重要源头。积小流而成江河，积家风而成社风。家风家训问题，是社会建设的深层次问题。家风正不正，不仅关系家族荣辱兴衰、家庭幸福与否，还直接关系公民文明素质和社会文明程度。良好家风家训的培育，不仅能熏陶自身及家庭成员的思想、行为方式，还能带动他人养成良好品质，从而使文明的社会风尚源远流长。反之，家风家训不正，很容易造成老人赡养无着、子女教育缺失、亲人情感淡漠等家庭问题，还会对社会风尚、社会文明产生不可忽视的负面影响。可见，重视家风家训培育是为形成良好社会风气打基础。只有家庭和睦，社会才会安定；只有家庭幸福，社会才会祥和；只有家庭文明，社会才会和谐。

家风家训建设是推进国家治理的重要举措。家庭是国家的最小基本单元，是国家治理的重要基础。恩格斯在《家庭、私有制和国家的起源》中指出，"一定历史时代和一定地区内的人们生活于其下的社会制度，受着两种生产的制约：一方面受劳动的发展阶段的制约，另一方面受家庭的发展阶段的制约。"从这个意义上，对于国家治理来说，家庭建设是推进国家治理体系和治理能力现代化的逻辑起点，也是不可替代的重要支撑点。只有把家庭治理作为国家治理体系的基本单元，才能将每一个个体纳入国家治理的大格局中。在新时代，推动家庭治理更好地融入国家治理体系，从而实现宏观上的国家治理与微观上的家庭治理良性互动、相得益彰。

耕读故事

曾国藩家训里的文化密码

清咸丰十年（1860年）闰三月二十九日，曾国藩给其在家的四弟曾国潢写信，信中写道，他曾经与九弟曾国荃论治家之道，一切以其祖父曾星冈为法，大约有八个字诀。前四字为书、蔬、鱼、猪，后四字为早、扫、考、宝。对这八个字，曾国藩自己作了简单的解释。"早，起早也；扫，扫屋也；考，祖先祭祀，敬奉显考、王考、曾祖考，言考而妣可该也；宝，亲族邻里，时时周旋，贺喜吊丧，问疾济急，星冈公常曰人待人无价之宝也。星冈公生平于此数端最为认真。故余戏述为八字诀，曰：书蔬鱼猪早扫考宝也。此言虽涉谐谑，而拟即写屏上，以祝贤弟夫妇寿辰，使后世子孙知吾兄弟家教，亦知吾兄弟风趣也。"

"早扫考宝，书蔬鱼猪"，这便是曾国藩的八字家训。

曾国藩的八字家训，初看起来，卑之无甚高论，稀松平常到很多人一看就会忽略过去。然而，作为一代名儒、治家有方的楷模，曾国藩为何要选择这八个平淡无奇的字作为家训呢？

其实只要我们用心品味，确能发现其奥秘。

先看"早"。早，就是早起。曾国藩认为，早起能使人强打精神。古今中外，很多成功人物都有一个共同的经验，早起！古人不是有闻鸡起舞的故事吗？鲁迅还在书桌上刻下一个"早"字。李鸿章年轻时候喜欢睡懒觉，曾国藩为了改变他，就立下一条规矩：自己要和身边的幕僚一起同时吃饭。因为曾国藩本人是起得很早的，这样就逼迫那些年轻幕僚跟他一同起早。有一天早上，曾国藩和其幕僚们已经坐在餐桌上准备吃饭了，一看，李鸿章没来，就打发人去叫他。这一天早上，李鸿章实在想睡一个懒觉，就跟那人说，你去告诉我老师，就说我生病了，今天早上就不吃早饭了。没有想到，曾国藩一听，放下筷子，对身边人说："少荃不来，我们大家都不吃啊。"

这还了得！那人马上跑去告诉李鸿章。李鸿章一听，吓得马上从床上爬起来。他刚刚来到餐桌上坐定，曾国藩就站了起来，用手敲了敲桌子，说了一句话："少荃，在我这里，就一个字——诚！"说完，饭也不吃了，拂袖而去。李鸿章当众挨了一顿批，从此以后，再不敢睡懒觉。李鸿章后来经常跟身边人回忆，"我之所以能走到今天，多亏了我老师当年在营中教我早起。这可是肺腑之言啊。"

再看"扫"字。这一字当来自曾国藩的祖父。其祖父到死都在田间地头劳动，他虽然干不动什么了，但很注意将田间地头、家里面、院子里打扫得干干净净。他自言，这是一个家庭的气象。如果一个人家里乱七八糟的，那一定是败家之兆。我们所谓"一屋不扫，何以扫天下"，扫的就是一种气象。

"考"字，就是家中厅堂上方那个祖宗牌位上的"考妣"二字的简称，意思就是要重视祭祀祖先。在曾国藩看来，一个人对祖先都没有感情，他对天下百姓会有感情吗？那是不可想象的。因为祖先是跟我们有着血脉亲情的，是关系最密切的一类人，如果对他们都没有感情，对那些陌生人何来的感情？在曾国藩看来，祭祀祖先就能培养一种家族亲情，是孝道的具体化。在用人方面，曾国藩也瞧不起那种不讲孝道的人。

第四个字是"宝"字。曾国藩明确指出，宝是指亲族邻里。他是为了押韵而简称，取"人待人无价之宝"之意，也就是要邻里和睦。曾国藩对邻里关系很看重，他多次在信中告诫家人要善待邻里，为的就是给曾家求得一个和睦的安宁的家庭外部环境。因为邻里也是与我们关系很密切的一类人，低头不见抬头见，远亲不如近邻。如果一个人的邻居不安宁，那多少也会影响到自家。历史上著名的孟母三迁，就是例子。

第五个字是"书"。读书始终是曾国藩摆在第一位的。他认为家中一定要藏书，要读书，要有书香氛围，这事关一个家庭的气象。他找亲家，都坚持找书香门第，在他看来，那样才算门当户对。事实上如果一个家庭中只听到麻将声，不闻读书声，那也就不难想象这家成员的个人修养了。如今，曾国藩的家乡依然有"三日不读书，人就变成猪"的俗语。

最后三个字是"蔬""鱼""猪"，就是一个家中一定要种蔬菜、养鱼、喂猪。这在当今社会已不多见，但在农耕时代，这三样是一个农家是否勤俭的标志。曾国藩认为，这事关一个家庭的气象。你看，家中种了蔬菜，绿油油的，充满生机；池中养的鱼，活蹦乱跳，充满生机。

因而，曾国藩还总结道：书蔬鱼猪，一家之生气；早扫考宝，一人之生气。

前四样可以培养一个家庭的生气，后四样可以培养一个人的生气。在他看来，一个人再苦再累都要每天强打精神，自我振作。他还说，精神越打越有，阳气越提越盛。他一生多病，能活到 62 岁，就是靠自己强打精神。一个人如果一天到晚像霜打的茄子那样，不仅不大可能有成绩，恐怕也不大可能长寿。一个家庭，一个单位或团队，也要有一股生机勃勃向上的活力，不能是暮气沉沉，那样大家都没有好处，没有战斗力。曾国藩衡量湘军各营是不是有战斗力，就看其是不是有一股生气，一旦发现军中有暮气，就会迅速解散这一支队伍。可见，曾国藩的八字家训，隐含的文化密码就是"生气"二字：生机勃勃，活力向上。这是曾国藩之所以选择这八个字的奥秘所在。这八个字既好理解，又易实行。

✎ 名人名言

　　勤俭，治家之本；和顺，齐家之本；谨慎，保家之本；诗书，起家之本；忠孝，传家之本。

——金缨

🎓 知识拓展

诸葛氏家训

非淡泊无以明志，非宁静无以致远。——诸葛亮《诫子书》

　　三国时期诸葛亮，官至丞相，被封为武乡侯，死后追谥为忠武侯。虽然如此高官，但是诸葛亮依旧以"淡薄""宁静"来要求自己，要求家人。也许正是因为诸葛亮这份淡薄之心，宁静之情，才让诸葛亮做到一生"鞠躬尽瘁，死而后已"，让诸葛亮的美名得以传遍天下。

模块三

修身养性

前言导读

中华传统道德理念中的修身、齐家、治国，在新时代中对应的也正是社会主义核心价值观中个人、社会和国家三个层面，为社会主义核心价值观提供了基本的逻辑框架。每个公民要善于从中华优秀传统美德中汲取道德滋养，"用优秀传统文化正心明德"，在自身内省中提升道德修为，明大德、守公德、严私德，修好每个公民的"心学"。在新时代下，公民要积极传承和弘扬中华优秀传统文化中蕴含的修身处世的道德理念和千年传承的浩然正气，为中华民族伟大复兴提供强大精神支撑。

知识导航

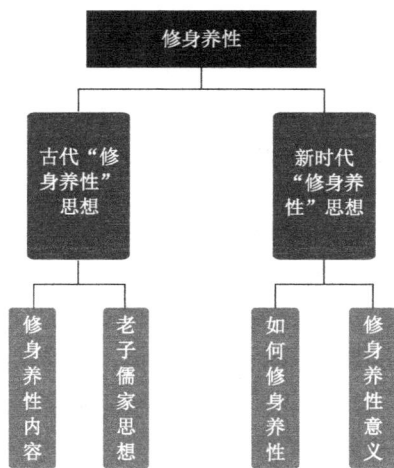

主体内容

古代"修身养性"思想

《礼记·大学》："古之欲明明德于天下者，先治其国。欲治其国者，先齐其家。欲齐其家者，先修其身。欲修其身者，先正其心。欲正其心者，先诚其意。欲诚其意者，先致其知。致知在格物。物格而后知至，知至而后意诚，意诚而后心正，心正而后身修，身修而后家齐，家齐而后国治，国治而后天下平。"其含义是：古时那些要想在天下弘扬光明正大品德的人，先要治理好自己的国家；要想治理好自己的国家，先要管理好自己的家庭或家族；要想管理好自己的家庭或家族，先要修养自身的品性；要想修养自身的品性，先要端正自己的思想；

要端正自己的思想，先要使自己的意念真诚；要想使自己的意念真诚，先要使自己获得知识，获得知识的途径在于认知研究万事万物。通过对万事万物的认识研究，才能获得知识；获得知识后，意念才能真诚；意念真诚后，心思才能端正；心思端正后，才能修养品性；品性修养后，才能管理好家庭或家族；家庭或家族管理好了，才能治理好国家；治理好国家后天下才能太平。

（一）修身养性内容

1. 修身养性定义

修身：就是使自己的心灵得到净化。养性：就是使自己的本性不受损害。通过自我反省体察，使身心达到完美的境界。个人修身不仅饱含了为人、修身、处世的智慧，还包含着始终要有一颗平常心去应对日常的烦恼和不幸。

2. 修身是解决人生问题的根本

《大学》中的"八目"是指格物、致知、诚意、正心、修身、齐家、治国、平天下。核心是修身，前四目是修身的方法，后三目是修身的目的，也可以说是修身的效果。统治者需要通过修身实现治国平天下，普通民众需要通过修身实现齐家。因此《大学》认为，"自天子以至于庶人，壹是皆以修身为本"，所有人都应该以修身作为解决人生问题的根本。《论语·颜渊》："齐景公问政于孔子。孔子对曰：'君君，臣臣，父父，子子。'"孔子告诉齐景公，搞好政治的关键是，国君像国君，大臣像大臣，父亲像父亲，儿子像儿子。如果我们用今天的概念来描述，就是社会中的每一个人都扮演好自己的角色，国家政治自然就搞好了，社会自然就和谐了。孔子也是在告诉齐景公达到这一效果的方法，那就是，君要像君，臣就会像臣；父要像父，子就会像子。具体而言，国君如果扮演好自己的角色，臣下就会扮演好自己的角色，这样就理顺了社会关系；父亲如果扮演好自己的角色，儿子就会扮演好自己的角色，这样就理顺了亲属关系。社会关系、亲属关系和谐，这个社会自然是和谐的。为达到这个效果，需要统治者首先扮演好自己的角色，起到示范带动作用，因此，所有领导者、管理者都应该以修身为本，这是治国、平天下的方法。

王阳明认为"格物之功只在身、心上做"，格物的物不是指所有的客观事物，而是指与人身、心相关的那一部分事物，格物格的不是外在事物，而是人自身。王阳明将"格"理解为正，格物就是端正人生的事务。致知的知，王阳明认为就是孟子说的"良知"，阳明心学的著名理念"致良知"，实际就是《大学》中的"明明德"。端正人生的事务，恢复人的美好本性，这就是格物致知。因此，在修身方法上，王阳明强调"知行合一""事上磨炼"。《传习录》记载这样一件事："有一属官，因久听讲先生之学，曰：'此学甚好，只是簿书讼狱繁难，不得为学。'先生闻之，曰：'我何尝教尔离了簿书讼狱，悬空去讲学？尔既有官司之事，便从官司的事上为学，才是真格物。如问一词讼，不可因其应对无状，起个怒心；不可因他言语圆转，生个喜心；不可恶其嘱托，加意治之；不可因其请求，屈意从之；不可因自己事务烦冗，随意苟且断之；不可因旁人谮毁罗织，随人意思处之。这许多意思皆私，只尔自知，须精细省察克治，惟恐此心有一毫偏倚，枉人是非。这便是格物致知。簿书讼狱之间，无非实学。若离了事物为学，却是着空。'"由此可见，王阳明提倡的修身方法，就是在处理人生的每件事务时都要时时提醒自己诚意正心，端正思想，端正态度。应该说，王阳明提倡的修身方法体现了儒家的"日用平常"，是在日常生活的点点滴滴中修正自己，将人生的事务处理得恰到好处。

《大学》云："有德此有人，有人此有土，有土此有财，有财此有用。"意思是，搞好品德修养就能理顺人脉，有了人脉就能拥有资源，有了资源自然也就有了财富，有了财富才能发挥财富的功能，对自己有用。用财富做什么？"仁者以财发身"，就是用财富来完善自我、提升自我，达到立德、立言、立功的"三不朽"，这样的人生才是成功的。反过来说，想要实现人生事业、成就、境界的巅峰状态，活着令人景仰，死后令人怀念，不名一文肯定是不行的。想赚钱，没有资源是不行的；想得到资源，没有人脉是不行的；想拥有人脉，没有美好品德是不行的。怎样才能拥有美好品德呢？在儒家看来，就两个字——"修身"。可以说，修身是走向人生成功的方法，想要成功都应该以修身为本。

（二）老子儒家思想

1. 致虚守静以养心

致虚守静是《道德经》修养论的基本观念，也是调养自我内心，使之与道合一的主要方法。古之神人，均有通达"自然之理"的体悟，即便处于熙熙攘攘的尘世之中，亦能自然而然地抵制外在功名利禄的引诱，恪守内心的宁静与平和，无有动荡，无所挂碍。在中国传统语境中，往往极为强调对于心性的修养，无论是道家主张的心斋坐忘，还是儒家提倡的修身养性，抑或是佛教宣扬的静心禅定，都是从"心"上去做功夫，这种思潮在宋明时期达到高峰，心性论自此之后成为中国文化的主要论调。若要追根溯源，养心之说最早见于《道德经》的"致虚极，守静笃""见素抱朴，少私寡欲"，其十六章曰："致虚极，守静笃，万物并作，吾以观其复。夫物芸芸，各复归其根。归根曰静，是谓复命。复命曰常，知常曰明。不知常，妄作，凶。知常容，容乃公，公乃王，王乃天，天乃道，道乃久，没身不殆。"许多学者认为其纲领性地提出了道家养生实践的指导思想。然而，从修养身心的角度来讲，其意义则远不止于此。陈鼓应认为，"致虚极，守静笃"形容心境原本是空明宁静的状态，只因私欲蔽染及外界活动的干涉限制，而使得心灵阻塞不安，所以《道德经》才主张要时刻做"致虚""守静"的工夫，以恢复心灵的清明。《道德经》以"致虚极，守静笃"来养心炼心，这在庄子和嵇康那里也得到充分体现。庄子所谓"心斋坐忘"也是主张要使心灵处于虚静空明之状态，摒弃外界俗尘之烦杂，赋予个体生命以充分而自由的发展空间。嵇康在其《养生论》中主张"清虚静泰，少私寡欲"，认为要限制自己的欲望之心，追随自然之理，杜绝外物之引诱，从而达到"恬愉淡泊，涤除嗜欲，内视反听，尸居无心"的境界。这类修养思想与《道德经》"致虚守静"传统是一脉相传、一以贯之的。

2. 不自矜伐以去名

"恬然淡泊，不争守柔"是《道德经》所倡导的修身养性之道。这种思想的提出与老子所处的时代背景有关联。彼时，周制衰微，礼崩乐坏，人心涣散，追名逐利，导致社会纷争不断，生民朝不保夕，这对于自我修养及全身保命显然是荼毒甚大的。老子据此而发，告诫人们不要陷入名利之泥沼，难得之货终究只能满足一时之欲，为名利所累反而可能导致身心俱残之恶果。常人总是喜欢追逐事物的显相，功成名就时希望得到张扬，名利双收时喜欢自我夸耀，飞黄腾达时则容易沾沾自喜，殊不知正是这种心态反而引起了无数纷争，最终可能会给自己招致祸患。因此，老子主张"抱一"，"一"就是"道"的法则，自然无为，见素抱朴。这既是一种行为规范，也是一种精神境界。抽象来讲，"一"其实反映了大道之理落实到生命体中的本真状态，而要达到这种状态，首先要做到不为名利所困，内心湛然无际，并且能够恒久地保持。

3. 持守"三宝"以全身

在老子那里，注重人的现实存在的首要条件是拥有完整的身体。惟其如此，才有诸多其他的可能性。老子生逢乱世，深刻理解到战争及暴力的残酷，对普罗大众遭受的困苦与摧残感同身受，因此，在《道德经》中，老子一再感慨"全身"的重要性。如《道德经》第四十四章曰："名与身孰亲？身与货孰多？得与亡孰病？甚爱必大费；厚藏必多亡。故知足不辱，知止不殆，可以长久。"老子试图呼吁世人珍重生命，不可为名利而奋不顾身。这种"贵生"的思想，在于视生命本身为"目的"，为绝对之"主体"。这也在庄子和杨朱那里得到进一步阐发，前者提出"两臂重于天下也，身亦重于两臂"，后者提出"拔一毛而利天下，不为也"。可以说，"贵生"思想实乃先秦之一大发明也。

那么，在《道德经》中，集中体现"全身"思想的则是第六十七章："我有三宝，持而保之。一曰慈，二曰俭，三曰不敢为天下先。""慈"在儒家学说中占有重要地位，在儒家语境中，"慈"更偏向于长辈之德，相较于仁义、忠孝等道德规范，不具有普遍性和至高性。而老子将"慈"视为"三宝"之首，可见"慈"的核心地位。"慈"的基本含义是"爱"。这种"爱"首先是对生命本身的悲悯，时年天下失道，穷兵黩武，连绵不断的战火烽烟造成对生命的漠视，甚至连"牝马"都要作征战之用，可见，生命如草芥，以至于何种地步也。老子提倡"慈"，实质上是要构建一种对天下万物、对黎民百姓慈悲怜爱的态度和心理基础。

"俭"在《道德经》中主要是纯朴之义。在老子看来，生命和畅并非在于财货多有，并非玩弄权术毫无节制，而恰恰是在其反面用功，心灵之虚静自然，精神之高远澄明，生命之返璞归真，才是难能可贵的。因此，《道德经》中的"俭"相较于儒家所说"节俭"，则又多了一层修养论上的含义。

"不敢为天下先"则更为直观地指出"全身"的路径。居于乱世之中，若处处逞强好胜、争强斗狠，与人相交时尖酸刻薄、锋芒毕露，这样的人注定是难以善终的。故而，老子一再强调"不欲盈"的原则，实际上就隐含着含蓄内敛、知雄守雌的智慧与品格，所谓"不争""处下"，均有此意义。总之，应慈爱他人，谦卑包容，才能保全自身。

4. 返璞归真复其本

"道"的本性体现为自然而然、无为纯朴，于无声处化生万物，人亦禀道而生。因此，老子也将人之本性视为天然无邪的完满状态，"婴儿"就是其典型表征。故其有言："知其雄，守其雌，为天下谿。为天下谿，常德不离，复归于婴儿。"深知雄强，却能抱柔守弱，这是天下万物都应遵循的蹊径，常德便不会有所流失，从而恢复到婴儿的状态。这是老子出于对社会情势的洞察，看到人们往往抢先贪利，纷纭扰攘，故而提出"涵容贵柔"的理念，也是在呼吁人们要返璞归真、复其本性。

老子这一思想对后世修养论影响甚大，孟子亦提出过类似观念："大人者，不失其赤子之心也。"具有伟大人格的人通常都能保养其纯真无伪之心，以此扩而充之，则无所不知，无所不能。可见，在孟子那里，虽然表达方式有所差异，但在核心思想上则殊途同归。明末清初思想家李贽对道学及道学家的虚伪性作出批判，从而提出"童心说"，认为"夫童心者，绝假纯真，最初一念之本心也"。"童心"即人之内心所本来具有的真实思想意识，尚未受到后天污秽之物的浸染，此说之真义就在于通过批判彼时道学的伪巧而转向强调去伪存真、保持初心的重要性。这与老子之说同样深度相契。

此外，返璞归真还暗含着超越性的意义。道家认为，人的本性与道的真性在最高层次上是彼此相通的，甚至是合二为一的，人心乃道性之载体，道性经由人心得以彰显。然而后天习染毕竟难以避免，在纷繁复杂的尘世之中，人的各种欲望和自我意识急速膨胀，致使我们在名利场中越陷越深，同时也离生命本真状态越来越远，这实际上是对人性的损伤和戕害。因此，老子提出返璞归真，复归于朴，就在于强调保持纯真本善之心，在此基础上自作主宰，而不至于随波逐流，丧失自我。

这种回归既是对现实世界的抗争，同时也是对现实世界的超越，前者是一种被动之举，普通寻常之人久受名利之困，心境如临深渊，长此以往，则期望另一种生活方式，有此种觉解，则又有焕然一新、豁然通畅之感；后者则是古之圣贤通过体悟"为道日损"的真谛，自觉提升精神境界，主动选择趋向先天有序和谐的生存状态。

用冯友兰的境界论来看，所谓"返璞归真"，无非就是由功利境界和道德境界向天地境界的攀援，只是在老子那里，天地境界具有某种"先在性"，所以讲"返璞归真"，而不像儒家那样主张通过勤学苦修，最后臻于一新境界也。反观当今世界，我们面临的生存环境较老子时代更为复杂，受各方欲求引诱更为杂糅，这就更需要对自身有清醒的认识，既要防止堕入迷醉泯灭的窠臼之中，也要警惕走进道德形式主义的陷阱。除此之外，社会分工日趋精细化，社会合作日趋紧密化，致使个体自我必须全方位融入社会之中才能满足基本生存需求，这一方面极大增强了人的社会属性，积极为社会服务或认同社会意见；另一方面也容易使个体陷入社会权威的掌控之下而不自知，所带来的结果就是自我意识的丧失或成为他人的傀儡，这就是所谓过度社会化的问题。因此，为了消除人的异化与自然人性之间的矛盾，《道德经》所提出的"返璞归真"仍有其现代价值。从社会的枷锁之中解放出来，实现人的自由全面发展，这是当代健全人格的题中之义。

新时代"修身养性"思想

（一）如何修身养性
修身养性中的"修身"是一种修炼的方式。

1. 有一个好的心态

如果想修身养性，首先要有一个平和的心态，一个乐观的生活态度，有时候心态会受到外界因素的影响，但是拥有一个豁达的胸怀是修身养性的关键，也是拥有好心态的保障。

2. 提高自己的知识储备

如果想修身养性，就需要提高自己的知识储备，人们常说："书中自会看清红尘是非""书中自有黄金屋""书中自有颜如玉"。所以，平日应该多读书、多学习，来提高思想、见识。

3. 有一个好的生活习惯

如果想修身养性，应该有一个好的生活习惯，一个好的生活习惯对于一个人的情绪、一个人的健康、一个人的生命，起着决定性的作用。而且，健康的身体是革命的本钱，身体一定要爱惜。

4. 学会多思考、多感受

如果想修身养性，应该学会多思考、多感受。很多人一天到晚忙忙碌碌，却从来不给自己留时间思考。不需要成为思想家、哲学家和先贤那样的人，只是为了让自己领悟一些生活的道理，让自己更加轻松。

5. 学会换位思考

如果想修身养性，应该学会换位思考，懂得换位思考是一个人的顶级修养。有修养的人在为人处世上懂得换位思考，不仅问题能得到解决，还不会增加矛盾。

6. 做一个有素质的人

如果想修身养性，应该做一个有素质的人，人之所以修养不够深就是不注重自己的谈吐，有时会图一时之快。不仅显得没修养，还会伤和气。而且，修养可以从生活中提升，平时多表达感谢。这样不仅表达了自己的感恩之心，对方也会开心。

（二）修身养性意义

修身是齐家、治国、平天下的基础。面对现代人的安身立命问题，儒家的修身传统能够给人以一种人文关怀，使人的身心有所安顿、栖息。君子修正身心，净化心灵，与道相合，与德相应。"君子不可以不修身"（《中庸》），"君子之守，修其身而天下平"（《孟子》）。以心灵的自我修养与自我完善为主要取向的"修身"思想是儒家思想的重要内容。儒家将修养良好的道德行为作为个人安身处世的根本和核心，以修身为前提，并最终实现治国、平天下是儒家的政治理想。修身是陶冶身心、修养德性、安身立命、提高自身的道德涵养。儒家修身思想从个体生命的道德精神超越而达到自律的可能与必要及其实现方法，提示人们从生命特质上更深刻观察、体悟自身，从而实现人之为人的价值，体现了中国传统文化的精神品格和伦理特质。

1. 人生在反省中进步

反省就是检查自己，就是自我反省、自我省察，要求人们经常反省自己的意识和行为，辨察、剖析其中的善恶是非，自我修正。而对做人的追求必然使人集中于对自身的检束、修饰。人自觉地检束自身、修饰自身和完善自身，就是修身之义。国家在反省中前进，社会在反省中前进，每个人更是在反省中有所进步。"无友不如己者，过则勿惮改"（《论语·学而》），意思是不能认为别人都不如自己，谁也不可能不犯错误，知道自己错了就要改正，切勿自我忌讳，为了面子而苟且掩饰。现实生活中，有一些人过于自我，过度自信，总认为自己身上有太多的优点。世界上没有不犯错的人，差别在于错误大小和危害程度。犯了错之后不要掩饰，更不可用一个新的错误掩盖前面的错误，欲盖弥彰，错上加错。

"无过"是一种追求，"改过"则是一种美德。一个人因为懂得反思并从反思中汲取营养而走向卓越。一个民族的尊严与荣耀也在于善于反思，敢于面对过往的无知和失败，勇于承担并改正错误。在儒家文化中，"君子"应具备"仁、智、勇、恭、宽、信、敏、惠"的德行，这种超越现实自我的形象楷模才可以砥砺他们"吾日三省吾身"，强调每天多次反省自身。"见贤思齐焉"，意为看到有德行、有才能的人就向他学习。不断地进行"修身养性"，将强制性的行为规范内化为个人追求的品质节操。在这新时代的社会中，每一个社会成员都应该有社会责任感，能够进行正确的自我认知、自我反省，提高自身的素质与修养，并进行正确的自我调适。

2. 以实事求是的态度对待人生

文化的基本要素是思想观念和价值观念，其中尤以价值观最为重要。价值观是社会成员评价行为和事物，以及从各种可能的目标中选择合意目标的标准，它存在于人的内心，通过态度和行为表现出来，并决定着人们赞赏什么、追求什么，选择什么样的生活目标和生活方式。孔子提倡以实事求是的态度来对待人生，这一点可以从他即使身处逆境依然强调修身来得以体现。孔子一生坎坷不断，但他自始至终都不曾放弃对理想的追求。《中庸》中提到："天命之谓性，率性之谓道，修道之谓教。"遵循人的本性是自然的道理。可见，儒家不是压抑人性，而是承认人性、顺应人性，以人性为根本进行修养。这体现了儒学的社会性，以实事求是的态度来对待人生。

"中庸"其实既没有让人进取也没有让人不进取，而是告诉人在修身过程中无论强弱、无论进退应持的态度。所谓持两用中，过犹不及，是"中"，不是前也不是后，不是左也不是右，而是一个外界与内心、形势与实力的平衡点。海阔从鱼跃，天空任鸟飞，狭室之中奔跑只会撞得头破血流，审时度势才能掌握平衡，掌握平衡才能游刃有余、收放自如。万事不能太过，过即为错，不可轻为。恰恰相反，有无才是相生的，我们应该补过抑过，以求平衡而达中和之境。所以，可以说通过"执中"或"守中"，也就是适可而止的做法，来达到"和"的理想状态，这也是儒家所提倡的实事求是的人生态度。

3．"修身养性"的价值及其意义

修身养性是人的一种精神活动方式，就是用品质培养自身的人格，深化自身的理想，从而在生活和工作中达到一种至善的境界。儒家文化倡导人们自觉地进行自我修养、自我监督、自我教育、自我完善，修身正心，正身律己，修身不是离群索居、清修苦练，而是不离日常生活世界，把自己培养成为具有理想人格，达到至善、至仁、至诚、至道、至德、至圣、合内外之道的理想人物，共创"致中和，天地位焉，万物育焉"的"太平和合"境界。

21世纪最需要的是人才，人才最需要的是心态。"富不知足，强不能安"，焦虑、恐惧、无归属感等已成为现代人不容忽视的心理疾患。这些疾患很大程度上都是在利益冲击下心理不平衡所致。儒家通过个人的修身养性以求得和谐的人伦秩序和宇宙秩序，强调在人生实践系列中排在第一位的"修身"思想，强调自我反省，这使得中国传统社会里的个人具有相当程度的心理平衡和人格稳定。这样的人生修养途径，对于培养具有健全人格的国民，德才兼备、知行合一的君子，克服挫折和艰难无疑具有相当正面的现实意义。

名人名言

格物、致知、诚意、正心、修身、齐家、治国、平天下。

——《礼记·大学》

主题实践活动——中职学生文明修身主题教育

1．开展自查自省活动

（1）开展"文明自律、从现在做起、从我做起"主题活动，组织同学们对身边的不文明行为进行全面自查，并针对校园中存在的不文明现象，开展讨论、自省教育活动。

（2）采取有效措施，切实发挥学生会督察作用，在教室、宿舍、餐厅及其他校园公共场所开展文明督察活动，及时发现不文明现象，制止不文明行为。

2．开展"六个文明"创建活动

（1）倡导仪表端庄，培养举止文明。

（2）培育宿舍文化，创建宿舍文明。

（3）倡导自主学习，创建课堂文明。
（4）遵守网络道德，倡导网络文明。
（5）倡导身体力行，开展就餐文明。
（6）加强诚信教育，倡树诚信文明。
3．开展特色活动
各班级结合自身特点，组织开展丰富多彩的教育实践活动，通过讲座报告、读书征文、图片展、志愿服务、爱心互助、演讲辩论、知识竞赛、参观爱国主义教育基地等活动方式，不断提升主题教育的实效性。
4．总结展示阶段
各班级对照计划和目标要求，对本学校学生文明修身主题系列教育活动进行总结，做好建章立制，建立常态化的工作机制，对各年级、班级、宿舍活动开展情况进行考核，推选出文明班级、文明宿舍和文明学生。

耕读榜样篇

篇·章·导·读

"伟大时代呼唤伟大精神，崇高事业需要榜样引领。"榜样是鲜活的价值观，是有形的正能量，具有示范引领、化风成俗的强大感召力。榜样的力量是无穷的，不仅可以引导我们走向正确的方向，也可以激发我们内心深处的潜力。一个好的榜样，可以让我们明白什么是坚持不懈，什么是勇气和耐心，什么是奉献和担当。榜样是人生路上的指南针，它指引我们走向成功的方向，榜样不仅可以教给我们如何成功，更重要的是可以教会我们如何做一个有良心、有爱心的人。榜样是一种精神力量，它可以激励我们超越自我，勇攀高峰。榜样是一道光，照亮我们迷茫的心灵，让我们找到快乐、幸福的方向。榜样的力量是无穷的，它可以让我们变得更好、更强，不断向前。所以，我们要学习榜样，成为榜样，让自己的行动、言行都能够影响和激励别人，推动社会向前发展。

模块一

耕读精神

前言导读

耕读传家是中国传统文化中的一项重要理念，它强调的是勤劳耕作与读书学习相结合的生活方式。这一观念的起源可以追溯到古代，其中《论语·子路》中提到的"樊迟请学稼"和《说苑·立节》中记载的"曾子衣敝衣以耕"反映了早期儒家思想中对耕读的重视。农家学派的许行提倡士人应耕读并举，"耕道而得道，猎德而得德"进一步强调了通过耕作体悟道德和通过学习提升道德的重要性。耕读精神是一个古老而崇高的理念，源自中国古代的农耕社会。它表达了对于勤奋、学习和持续进取的价值观的追求。耕读精神强调了个体在追求知识和谋求个人成长的过程中应当牢记勤奋和刻苦的原则。此外，耕读精神还包含了培养良好的品德和追求道德的原则，以提高个人和社会的质量。本模块内容将概述中国耕读精神的内涵与意义，从古代耕读榜样的典故，到现代文明的艰苦奋斗，自强不息精神的赓续与发展。

知识导航

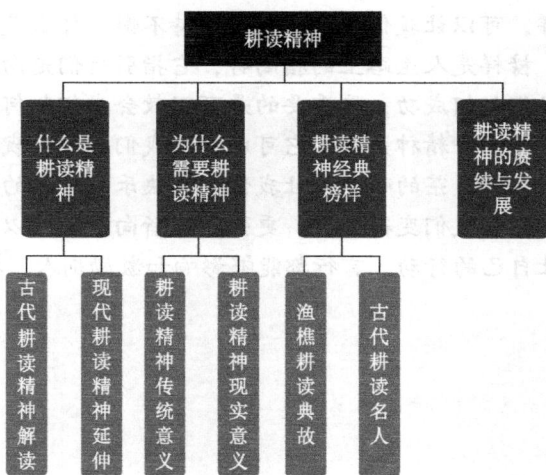

主体内容

什么是耕读精神

（一）古代耕读精神解读

所谓"耕读"，就是耕田和读书。在古人看来，耕田可以事稼穑，丰五谷，养家糊口，以立性命。读书可以知诗书，达礼义，修身养性，以立高德。陶渊明曾在《读山海经》中写道"既耕亦已种，时还读我书"，古代知识分子一边耕种，一边读书，是中国古代乡村最美的风景。"耕读"也逐渐成为一种文化，一种精神，"耕读传家"逐渐成为中华民族优秀传统。

耕读文化来源于漫长的农耕时代，为中国社会所独有，且数千年延续不断。以耕养读，以读馈耕，承载并完成了一个个家庭乃至家族基因的延续，为中国社会创造了充足健康的物质基础，保障了文化传承。

耕读文化指的是既从事农业劳动又读书教学。包含两层意思：一是指读书者与耕种者是同一人物，即躬耕躬读、半耕半读。二是指一个家庭同时经营农业和读书教学，其成员一部分主要耕以生存，一部分主要读以发展，读书者通常都是子弟。

耕读文化的两种模式：一是自上而下的，士大夫不以耕种为耻，读书之余经营农业；二是自下而上的，农民不以读书为无用，耕作之余亲自或督导子弟读书。耕读模式最有价值的内涵，就是占人口绝大多数的农民纷纷读书，即自下而上的读书热潮。

耕读传家，在中国可以说是深入民心，源远流长。家者，家庭，家族也。儒家曾子提出"齐家、治国、平天下"的思想，首先是基于"家"这一基础建立的。饱读诗书，也是着眼于本家族的文化、家风的传承。

曾国藩认为，耕读之家，最能维持长久。耕，是一家生存之基业；读，代表基本学识和教育。正是缘于此，中国文化在世界历史上才能始终处于领先地位。

（二）现代耕读精神延伸

"民以耕读为事，士以气节相高。"耕读文化是中国优秀的传统文化，是实践和理论的有机结合。"耕以养生，读以明道"，新时代的人需要勤耕立命、善读修身。"耕读"是一种躬耕敬业的勤恳姿态。"纸上得来终觉浅，绝知此事要躬行。"工作的生命力在于实践，仅靠语言传授、文字传递，不深入基层、不交心谈心、不躬身践行是无法推动工作落实落地的，无法解民需、办民事、排民忧。只有躬身力行做好政策的传播者、民意的倾听者、工作的实践者，"蹲下去看蚂蚁""俯首甘为孺子牛"，才能了解群众所想、所需、所求，才能把惠民政策落到实处，做到真心真意、勤勤恳恳为人民服务。

"耕读"是一种敏学善思的行为方式。"路漫漫其修远兮，吾将上下而求索。"矛盾和问题是变化发展的，按部就班、故步自封是不能解决发展中出现的矛盾和问题的，只能被事情推着走。在工作中要打破"一亩三分田"的思维定式，围绕问题思考为什么，围绕履职思考做什么，围绕落地思考怎么做。深挖理论、广学知识、拓宽眼界，总结工作中的所学、所思、所践，博学之，审问之，慎思之，明辨之，笃行之。

"耕读"是一种持之以恒的精神风范。"不经一番寒彻骨，怎得梅花扑鼻香。"发展是前进性和曲折性的统一，实现中华民族伟大复兴不是一蹴而就的，需要一代又一代的后辈坚定信仰、砥砺前行。奋斗是最厚重的底色，执着和坚守是最可贵的精神，各行各业的人才在各自的岗位上，耐得住寂寞、守得住底线、扛得住压力，发挥"钉钉子"的精神，持续发力、久久为功，才能赢得"梅花扑鼻香"。

做新时代的"耕读者"，要身体力行、善于思考、持之以恒，把国家和人民放在第一位，不怕辛苦，拼搏实干，不懈斗志，拿出为中华民族振兴而舍生忘死的澎湃激情。

其实耕读精神的内涵非常深广，值得我们用一生去体悟探讨。耕读精神，用一句质朴的话来概括，可以表述为：志存高远，脚踏实地。耕读人志在圣贤，这样的志向不可谓不高远。耕读人立志高远的同时又能脚踏实地地躬身实践，而非空谈理想。耕读精神是耕读文化的精髓所在，主要体现如下几方面。

自立自强：耕读文化强调自食其力的自立精神，通过勤劳和自力更生来改善生活并实现家庭的繁荣。

知行合一：耕读文化提倡理论与实践相结合，通过农业劳动来体会和学习，同时将所学知识应用于农业生产中。

修身立德：耕读文化认为个人品德的培养至关重要，通过耕种和阅读来提升个人道德修养和社会责任感。

和谐发展：耕读文化推崇自然和谐，倡导合作包容，而不是掠夺式利用自然资源，符合当今的和谐发展理念。

儒家思想：耕读文化的精髓一直是儒家思想，这包括了对家族、国家乃至天下的责任感和使命感。

这些理念已经深入人心，成为传统文化内涵的重要精神资源，也是中华民族在长期农耕实践中形成的精神财富。

为什么需要耕读精神

（一）耕读精神传统意义

耕读精神源于传统耕读文化的精髓，其重要意义主要表现在三个方面。

第一，人们的思维方式和创新理念得到了迅速提升。如南宋文学在耕读文化熏陶下进入了新高地，诗歌、散文、小说、戏曲、绘画，超过了历个朝代，真正称得上百花齐放、百家争鸣。

第二，人们的就业路径和发展方向得到了迅速提升。打破了靠科举入仕的唯一途径，大批学士进入农业生产领域，增添了农业的文化含量，促进了农商并举，手工业飞速发展，海外贸易不断拓展，产品销往世界各地，既解决了读书人的就业问题，又为国家创造了巨大的财富，可以称得上国强民富的时代。

第三，人们的爱国爱民情怀得到了迅速提升。耕读文化的效应对官员的政治理念、治国行为等产生了很大的影响。如南宋造就了许多爱国志士，为宋王朝统一进行了 100 多年艰苦卓绝的抵抗斗争，涌现了无数气壮山河、可歌可泣的英雄人物，如宗泽、韩世忠、岳飞、文天祥等。

（二）耕读精神现实意义

耕读精神对于促进现代社会的生存发展、社会治理和社会和谐起到重要作用。

第一，推动农业现代化。耕读文化的核心是农业生产和读书学习。作为中国传统文化的一部分，耕读文化对农业生产的推动起到了重要的作用。通过不断地学习和实践，农民能够发掘出农业生产史的新技术、新模式，提高农业生产的效率和质量。同时，耕读文化也能够带动农村地区的经济发展，加快农业现代化的速度，为现代城市提供更加优质的农产品。

第二，弘扬民族文化。耕读文化是中国传统文化的一部分，它弘扬和传承了数千年的中华文明。从先秦时期的农书到各种农业诗歌、谚语，从诸葛亮的农本政策到乡村图画，都体现了中国人对农业的关注和热爱。耕读文化通过富有感染力的口口相传和中华文字符号，将这种文化传承到了今天，使得在现代社会中仍能感受到中国传统文化的深厚底蕴。

第三，强化社会责任。耕读文化中的"耕"和"读"，一方面表现了人们对物质生活的追求，另一方面也体现了人们对社会责任的承担。农民通过耕作来满足人们日常生活的需要，而读书则是为了更好地服务社会。同时，耕读文化也传承了对家庭和社会的责任感，使得人们将个人利益融入整个社会之中，形成了一种互相帮助、互相促进的社会风气。

第四，促进人的内心成长。耕读文化是一种融合了理论和实践的文化形态。通过不断地读书、学习和实践，人们能够找到心灵的归属感，培养自己的思维智慧和审美能力。耕读文化中的"耕"和"读"都需要人们具有坚定的意志和毅力，而这种锻炼也有助于人的内心成长。同时，耕读文化中所强调的勤俭、崇尚道德等品质也有利于人的性格修养。

总之，耕读文化不仅是中国传统文化的一部分，更是现代社会所需要的一种文化形态。

耕读精神经典榜样

（一）渔樵耕读典故

"渔樵耕读"这一组合可以在《吕氏春秋》中见到，而唐代的"渔樵"联用已借指隐居或避世的情怀。民间将"渔樵耕读"联用，意在颂扬太平盛世，人民安居乐业。这四个字被古人赋予了美好的向往，代表着理想的生活方式，反映了中国人对逍遥自在与勤劳智慧的赞美。

"渔樵耕读"典故出自严子陵垂钓、朱买臣卖柴、舜耕历山、苏秦苦读四个故事。自古以来，人们就对"渔、樵、耕、读"有很高的向往，这四者的经历代表了民间的基本生活方式，也表达了世人对田园生活的恣意和对淡泊人生的向往。

"渔"指的是东汉的严子陵，他是汉光武帝刘秀的同学。刘秀成为皇帝后多次邀请严子陵做官，但都被他拒绝。严子陵选择隐居生活，垂钓终老，象征着淡泊名利、隐逸自然的高风亮节。

"樵"代表的是汉武帝时的大臣朱买臣。朱买臣出身贫寒，以砍柴为生，但酷爱读书。尽管生活困苦，他仍坚持学习，最终成为汉武帝的中大夫、文学侍臣。朱买臣的故事体现了勤奋好学、逆境中坚持理想的精神。

"耕"讲述的是舜帝的故事。舜家境清贫，故从事各种体力劳动，经历坎坷。他在历山耕耘种植。开始阶段，舜以野果子充饥，日出而作，日落而息。后来就出现了象耕鸟耘的奇事。

"读"讲述的是战国时纵横家苏秦的故事。苏秦曾到秦国游说失败，为了博取功名，他发愤读书，每天读书至深夜，用铁锥刺大腿提神，最终成就一番事业。苏秦的故事强调了读书的重要性和求知若渴的精神。

（二）古代耕读名人

1. 孔子（图 3-1-1）

孔子（公元前 551 年—公元前 479 年），名丘，字仲尼，是中国古代教育家、思想家和政治家。他是儒家学派的创始人，被尊奉为"儒家圣人"。孔子强调人的修身、齐家、治国、平天下，提出了"仁爱""礼义"的思想，主张通过教育来塑造人的品格和成就社会的和谐。他的思想和教育观念对于我国的教育和文化产生了深远影响。

图 3-1-1　孔子

2．孟子（图3-1-2）

孟子（公元前372年—公元前289年），名轲，是战国时期儒家思想的重要代表人物之一。他发展和完善了儒家的思想，提出了"性善论"和"人性本善"的观点。孟子强调人的自我完善和追求，主张通过教育和修养来发展人的潜能，实现个体和社会的和谐发展。他的思想对于中国的教育、道德和文化产生了深远影响。

图 3-1-2　孟子

3．司马迁（图3-1-3）

司马迁，字子长，是中国西汉时期伟大的历史学家、文学家。他是西汉时期的重要文化人物，所著《史记》被誉为"史家之绝唱"，是中国历史上第一部纪传体通史，不仅记录了中国历史的发展，还包括诸多古代文化和文化名人的传记。司马迁的历史观念和史学方法对于后世的历史研究和历史文化的传承有着重要影响。

图 3-1-3 司马迁

4. 诸葛亮

诸葛亮（公元 181 年—公元 234 年），字孔明，号卧龙，三国时期蜀汉丞相，中国古代杰出的政治家、军事家、发明家。在世时被封为武乡侯，死后追谥忠武侯，东晋政权因其军事才能特追封他为武兴王。其代表作有《出师表》《诫子书》等。曾发明木牛流马、孔明灯等，并改造连弩，叫作诸葛连弩，可一弩十矢俱发。

刘禅追谥其为忠武侯，故后世常以武侯、诸葛武侯尊称诸葛亮。诸葛亮一生鞠躬尽瘁、死而后已，是中国传统文化中忠臣与智者的代表人物。诸葛亮在其《出师表》中说"臣本布衣，躬耕于南阳"，意思是说"我本是一介贫民，亲自在南阳卧龙冈种田为生。"

5. 皇甫谧

皇甫谧（公元 215 年—公元 282 年），幼名静，字士安，自号玄晏先生。安定郡朝那县人，后徙居新安（今河南省义马市）。三国西晋时期学者、医学家、史学家，东汉名将皇甫嵩曾孙。他一生以著述为业，后得风痹疾，犹手不释卷。晋武帝时累征不就，自表借书，武帝赐书一车。其著作《针灸甲乙经》是中国第一部针灸学的专著。除此之外，他还编撰了《历代帝王世纪》《高士传》《逸士传》《列女传》《元晏先生集》等书。在医学史和文学史上都负有盛名。在针灸学史上，他占有很高的学术地位，并被誉为"针灸鼻祖"。挚虞、张轨等都为其门生。

皇甫谧出身于东汉名门世族，六世祖皇甫棱为度辽将军，五世祖皇甫旗为扶风都尉，四世祖皇甫节为雁门太守。皇甫节之弟皇甫规是个文武全才，时为安羌名将，官至度辽将军、尚书，为凉州三明之一。曾祖皇甫嵩因镇压黄巾起义有功，官拜征西将军、太尉。后来，皇甫氏族渐趋没落，但朝中仍不乏做官之人，皇甫谧的祖父皇甫叔献，当过霸陵令，父亲皇甫叔侯，仅举孝廉。

皇甫谧二十六岁时（公元 241 年），以汉前纪年残缺，遂博案经传，旁采百家，著《帝王世纪》《年历》等；四十二岁（即公元 256 年）时得风痹症，悉心攻读医学，开始撰集《针灸甲乙经》；四十六岁（公元 260 年）时已成为声名鹊起的著名学者，魏相司马昭下诏征聘做官，不仕，作《释劝论》；六十一岁时（公元 277 年），帝又诏封为太子中庶、议郎、著作郎等，皆不应，著惊世骇俗的《笃终论》；六十八岁时（公元 282 年），《皇帝针灸甲乙经》刊发经世，皇甫谧在张鳌坡去世。

残酷的社会生活环境，铸就了皇甫谧坚强的意志和高尚的人格，影响并激励着后人。

6. 王羲之（图 3-1-4）

王羲之（公元 303 年—公元 361 年），字逸少，是东晋时期著名的书法家、文学家。他是东晋时期的重要文化人物，被誉为"书圣"。王羲之的书法作品横空出世，影响深远，他的书法风格独特，有着浑厚而自然的艺术风格。王羲之的书法成就不仅在中国古代文化中占有重要地位，也对后世的书法艺术产生了深远的影响。

图 3-1-4 王羲之

7. 陶渊明

陶渊明（约公元 365 年—公元 427 年），名潜，字元亮，别号五柳先生，私谥靖节，世称靖节先生，杰出的诗人、辞赋家、散文家。陶渊明"自幼修习儒家经典，爱娴静，念善事，抱孤念，爱丘山，有猛志，不同流俗"。《荣木》序曰："总角闻道"，《饮酒·十六》中提到"少年罕人事，游好在六经"，他早年曾受过儒家教育，有过"猛志逸四海，骞翮思远翥"的志向。在那个老庄盛行的年代，他也受到了道家思想的熏陶，很早就喜欢自然，"少无适俗韵，性本爱丘山"；又爱琴书，"少学琴书，偶爱闲静，开卷有得，便欣然忘食。见树木交荫，时鸟变声，亦复欢然有喜。常言五六月中，北窗下卧，遇凉风暂至，自谓是羲皇上人。意浅识罕，谓斯言可保"。他的身上，同时具有道家和儒家两种修养。

陶渊明的田园诗数量最多，成就最高。这类诗充分表现了诗人守志不阿的高尚节操；充分表现了诗人对淳朴的田园生活的热爱，对劳动的认识和对劳动人民的友好感情；充分表现了诗人对理想世界的追求和向往。陶渊明是田园诗的开创者，他的田园诗以纯朴自然的语言、高远拔俗的意境，为中国诗坛开辟了新天地，并直接影响到唐代田园诗派。在他的田园诗中，随处可见的是他对污浊现实的厌烦和对恬静的田园生活的热爱。因为有实际劳动经验，所以他的诗中洋溢着劳动者的喜悦，表现出只有劳动者才能感受到的思想感情，如《归园田居·其三》就是有力的证明，这也正是他的田园诗的进步之处。

8. 颜之推

颜之推（公元 531 年—约公元 597 年），字介，琅琊临沂（今山东省临沂市）人，中国古代南北朝时期文学家、教育家。颜之推年少时因不喜虚谈而自己研习《仪礼》《左传》，由于博览群书且做文辞情并茂而得到南朝梁湘东王萧绎赏识，十九岁便被任为国左常侍；后于侯景之乱中险遭杀害，得王则相救而幸免于难，乱平后奉命校书；在西魏攻陷江陵时被俘，遣送西魏，受李显庆赏识而得以掌管书翰；得知陈霸先废梁敬帝而自立后留居北齐并再次出仕，历二十年，官至黄门侍郎；北齐灭后被北周征为御史上士，北周被取代后仕隋，于开皇年间被召为学士，后约于开皇十七年（公元597年）因病去世。

颜之推的传世著作有《颜氏家训》《还冤志》《急就章注》《证俗音字》《集灵记》等。《颜氏家训》共二十篇，是颜之推记述个人经历、思想、学识以告诫子孙的著作。这是他一生关于士大夫立身、治家、处事、为学的经验总结，在封建家庭教育发展史上有重要的影响。后世称此书为"家教规范"。

9. 杜甫（图3-1-5）

杜甫（公元712年—公元770年），字子美，唐代著名诗人，被誉为"诗圣"。杜甫的诗歌作品表达了他对社会现实和人生苦难的关注，他的诗句朴实而深刻，情感真挚而激荡人心。杜甫的诗歌不仅在中国古代文化中享有盛名，也对世界文学产生了深远的影响。

图3-1-5 杜甫

10. 苏轼（图3-1-6）

苏轼（公元1037年—公元1101年），字子瞻，号东坡居士，北宋著名的文学家、书法家。他是北宋时期的重要文化人物，被誉为"文学宗师"。苏东坡的文学才华横溢，作品涵盖了诗、词、赋、散文等多种文学形式，他的作品语言优美，思想深邃，深受人们喜爱。苏东坡的文学成就对于中国古代文化的发展和传承具有重要意义。

图3-1-6 苏轼

以上是古代耕读文化的一些名人，他们在不同的领域中做出了卓越的贡献，对中国古代文化的发展和传承起到了重要的推动作用。他们的思想、艺术和文化成就不仅在古代产生了深远影响，而且对于现代社会和文化的发展仍然具有重要的借鉴意义。通过学习和研究古代耕读文化的名人，我们可以更好地理解和传承中华民族的优秀传统文化，为现代社会的发展提供有益的启示和借鉴。让我们一起致敬这些伟大的文化名人，将他们的精神和智慧薪火相传，为中华文化的繁荣和发展继续努力奋斗。

耕读精神的赓续与发展

在耕读文化发展的历史过程中，"耕"和"读"的内涵越来越丰富。"耕"不仅是一种生产和生活方式，"读"也不是只为了应举考试。在耕作的同时，可以培养勤劳务实、脚踏实地的优良品质，有助于养成勤俭节约的品德。读书则不仅可以立志、更能激发"天下兴亡，匹夫有责"的责任感和家国情怀。通过耕读可培育和滋养个人道德品格，还可使家庭和睦、社会和谐，这正是耕读传家的现实意义所在。

优秀传统文化是一个国家、一个民族传承和发展的根本，如果丢掉了，就割断了精神命脉。耕读传家是我国优秀的传统文化，是农业农村发展生生不息的文化基因。弘扬耕读传家优秀传统文化，具有重大的历史和现实意义。

尽管我们已经进入了信息时代，但是只有通过勤奋学习和不断进取，我们才能在激烈的竞争中脱颖而出。耕读精神所强调的良好品德和道德准则，对于塑造一个和谐、诚信社会的重要性不言而喻。

因此，耕读精神作为一种传统文化的传承，具有深刻的现实意义。它不仅是一种价值观念的追求，也是一种生活态度的体现。通过努力学习，不断进取，培养良好的品德，我们可以发展出耕读精神，以实现个人的梦想和追求。同时，它也能够推动整个社会的进步和发展，建立一个充满活力和责任感的社会。因此，在现代社会，我们应该继续传承和践行耕读精神，为我们的社会发展贡献自己的力量。

随着社会的发展，时代的进步，"耕"已不能单纯地理解为耕田了，而应该理解成"劳动（工作）"，所以，"耕读"也变成了劳动和读书。

劳动之美，不仅表现在轰轰烈烈、震撼眼球的"经济大手笔"，更显露于默默无闻、波澜不惊的"技术小奉献"。古有鲁班造锯，李春建赵州桥，黎民百姓勤勤恳恳，日出而作，日落而息；今有周东红捞宣纸，管延安接海底隧道，大国工匠精益求精，创"中国制造"之神话。读书之乐，可以获取知识，提高自身素质，也能涵养静气。莎士比亚说："生活里没有书籍，就好像没有阳光；智慧里没有书籍，就好像鸟儿没有翅膀。"读书能使人时时闪烁着生命的光辉，让人欣赏到不同的生命风景。

劳动强身，读书益智。在劳动和读书的过程中，我们不仅收获了"耕"的付出和"读"的快乐，体会到了踏实肯干、力争上游的一种精神，更感受到了一种努力工作、奋力拼搏的幸福。这种精神在陆建新身上，从参与建设到主持项目，不断刷新着"第一高楼"的高度；这种精神在张富清身上，60多年来，刻意尘封功绩，退役转业主动选择到湖北省最偏远的来凤县工作，为贫困山区奉献一生；这种精神在袁隆平身上，鲐背之年，仍在"禾下乘凉梦"与"杂交水稻覆盖全球梦"中不知疲倦地探索耕耘……不同的领域，不同的年龄，他们都执着于自己的事业，呕心沥血，为国家、社会和人民做出了卓越的贡献。他们就是"耕读精神"的体现者和践行者。

耕读传家，诗书继世。新时代，新征程，我们应与时俱进，继承和发扬中华民族的优秀文化传统，进一步增强文化自信，在中国特色社会主义建设事业中贡献应有的力量。

耕读故事

湘阴柳庄左宗棠

左宗棠（公元 1812 年—公元 1885 年），湖南湘阴人，字季高，号湘上农人。中国近代军事家、政治家，洋务运动代表人物。官历浙江巡抚、闽浙总督、陕甘总督、钦差大臣督办新疆军务、东阁大学士、军机大臣管理兵部事务。著有《楚军营制》，其奏稿、文牍等辑为《左文襄公全集》。

左宗棠在家书中倡导"耕读为本，自立自强"，要求"勤俭持家"，提出"惟崇俭乃能广惠"。在他的严厉教导下，左氏家风端肃。时人称赞他："立身不苟，家教甚严。入门虽三尺之童，见客均彬彬有礼。虽盛暑，男女无袒裼者。烟赌诸具，不使入门。虽两世官致通显，又值风俗竞尚繁华，谨守荆布之素，从未沾染习气。"

1843 年，左宗棠用多年教书积蓄的白银九百两，购得湘阴东乡柳家冲（今樟树镇柳庄村）70 亩水田、80 亩山地建成农庄，因挚爱柳树不折品格，在庭院自题门额曰"柳庄"。翌年秋，举家从湘潭移居柳庄，自号"湘上农人"，开始了经营农业和读书、著书、教书相得益彰的新生活。

实际上，他经营农业的想法早已有之。史载，1838 年，左宗棠第三次赴京会试落第后，在北京购买了许多农业书籍归家，闲时勤勉钻研，开始留意农业。在《与谭文卿中丞书》中说："弟自戊戌罢第归来，即拟长为农夫没世，于农书探讨颇勤。"三次会试落第，时年 26 岁的左宗棠就决心从此绝意科举，既表达了对科举制度的不满和失望，更体现了其立身出世的清醒和自信。仅凭这一点，就高出当时许多皓首穷经科举狂的读书人了。

左宗棠的选择，一方面是基于个人对农业的兴趣。他"尝自负平生以农学为长"，对于区种法情有独钟，曾加以深入研究，写成《广区田图说》，大力宣传区种的好处，并在柳庄予以实践。另一方面，是基于对农业在封建社会突出重要性的认识。他以为农事乃要务，曾经撰联："纵读数千卷奇书，无实行不为识字；要守六百年家法，有善策还是耕田。"其妻周诒端也作诗："树艺养蚕皆远略，从来王道重农桑。"左宗棠不屑于功名利禄，不求闻达于诸侯，当时真心想做一个"太平有道之民"，稼穑耕田、读书教子，并为此作了长期打算。

于是乎，左宗棠怀揣着耕读理想，吟咏着"慎交游，勤耕读；笃根本，去浮华"的自撰格言，在课徒自给、读书自适的同时，在柳庄亲身从事农事，将书本上的农业知识与农业实践结合起来，既借以维持家庭生活需要，也是在追寻心中的理想。

可以说，左宗棠经营农业是认真而快意的。起初，左宗棠还要帮助管理陶澍的家务，只能余暇兼顾柳庄，但"每自安化归来，督工耕作，以平日所讲求者试行之，日巡行陇亩"。他亲自进行农田实验，采用区种法指导农作物栽培，栽种水稻、茶、桑、竹等作物，以尽地利，因种植、管理得法，收获颇丰，仅每载茶园收入就可缴清田赋。湘阴县本无茶，其产茶，实际上得力于左宗棠的倡导。

左宗棠安于农耕，乐于田园风光，写《催杨紫卿画梅》诗谓："柳庄一十二梅树，腊后春前花满枝"，饱含几许雅人深致。给友人写信说："耕作甚忙，日与庸人缘陇亩。秧苗出苗，流水淙淙，时鸟变声，草心土润，别有一段乐意。"他在自家的院门上贴门联："参差杨柳，丰阜农庄。"取"返璞归真"之意，把自己的读书藏书之所命名为"朴存阁"，并完成了十余卷的《朴存阁农书》，分门别类叙述各种农事。

但无论如何，这段务农岁月摸索总结的农田水利经验让左宗棠受益匪浅。后来在陕西、甘肃、新疆、两江等主政之处，他一面带兵打仗，一面致力于发展农业生产，因地制宜推行区种之法，号召并指导兵民垦荒屯田，种稻植棉，开渠凿井，部分解决了军队的粮食和衣物自给问题。

左宗棠的农业经营虽有波折，但其读书生活获得了巨大成功。柳庄时期的左宗棠，于"萧闲寂寞中"，躬耕、义赈、兴办义学，全身心贯注于读书著书。左宗棠注重"务实学"，强调读书要学以致用，广泛涉猎，博采众长。他一方面重视以儒学为正统地位的传统教育，另一方面广泛研究天文、地理、农学、兵法、荒政、漕政、盐政、海防等多方面的知识，"读破万卷，神交古人"，为以后建功立业打下坚实基础。

蛰居柳庄这个清静之地，左宗棠认为四时都是读书的好时节："渔蓑句好真堪画，燕子日长宜读书"——春天宜读书；"清荫满阶开画本，古香一榻坐书城"——夏天宜读书；"孤云出岫真堪画，远水粘天宜读书"——秋天宜读书；"雪窗快展时晴帖，山馆闲临欲雨图"——冬天宜读书。夜间更是读书的好时候，"松风临水朝磨剑，竹月当窗夜读书"。他"观书要高着眼孔""异书多读当加餐"的读书观，"吟诗妙得忘荃意，读史频闻拍案声""读破万卷诗逾美，朝作千篇日未晡"的读书意境，让后人向往。

左宗棠曾感叹，"人生读书之日最是难得"。前后居住柳庄的14年，就是左宗棠难得的读书之日。这段潜居岁月，学识气度上让他有了出山之时"出处动关天下计，草庐我亦过来人"的自信，也成就了他"新栽杨柳三千里，引得春风度玉关"的万世功业，自然埋下了终生挥之不去的"柳庄情结"。

在陕甘总督任上，左宗棠将督署后园辟为菜畦，名之曰"节园"，公务闲暇之时徜徉其间，并撰文说："边事略定，以病乞休未得，于节园开畦种菜，颇得故乡风味。"驻节肃州（今酒泉市）时，疏浚酒泉为湖，环湖堤种花树，湖堤外田亩开垦为园圃。园成后，有诗咏之："走笔题一系，乡心慰寂寞。……水国足渔稻，笋蕨耐咀嚼。梓洞暨柳庄，况旧有丘壑。"又回想起故乡田园。其中，"一系"出自杜甫诗句："丛菊两开他日泪，孤舟一系故园心。"身在陇上，心在湘上，不忘柳庄耕读岁月，溢于言表。

"抽梯苦读"谢邦彦

谢邦彦，字廷美，宋代著名词人、诗人，是南宋著名爱国诗人谢翱的先祖，祖籍柏洋谢墩。1040年，谢邦彦的祖辈南迁移居沙江方厝城，谢邦彦早年生长在谢厝里。他出身书香门第，受祖辈影响，自幼聪颖好学，博览群书。据说，谢邦彦幼时读书为避免烦扰，用梯子爬上草楼，让人抽出梯子，躲着读书；晚间，再架梯子爬出草楼，早上晚下，常年如此。这段"抽梯苦读"的经历成为勤学故事，在民间广为流传。

建炎二年（公元1128年），年方二十八岁的谢邦彦考中进士，官至江西提刑。谢邦彦受家学影响，为官清廉，心系百姓。任职期间，整肃吏治、端正风气，注意清理冤狱，为民平冤。他安排一个日程表，每天勘问一个县的案情，夜以继日，从不间断。到任九个月，清理了1600多件积累的案子。经他审理的大小案子，百姓都心悦诚服。同时，谢邦彦根据地方实情为百姓办事，实行折征的办法为贫苦百姓减轻赋税，稳定和发展了地方经济。

谢邦彦在文学上颇有造诣，对《春秋》也颇有研究。《春秋》是儒学经史之一，儒学讲求尊师重教，以民为本，齐家治国。谢邦彦以德为政、安家治国的思想与流传的儒学渊源有很大关联。他的诗集至今犹存，遗留的大多诗作体现出对家园山水的热爱情怀。其中《霞浦山》诗句："十里湾环一浦烟，山奇水秀两鲜妍。渔人若问翁年代，为报逃秦不计年。"谢邦彦娶妻溪南王氏，晚年，他在溪南长兴村修建一座谢氏府宅，退居乡里。诗中的"十里湾环"，指的就是溪南洋秀丽的风光。家乡的奇山秀水有着世外桃源般的宁静，他的诗作抒发了对家园的美好情感和怡然心性。

谢邦彦的事业建树和文学名声，无疑成为谢氏家族的荣耀。晚年他辞官回归故里时题书"耕读传家"，作为家训，一直教育着后代。耕读文化蕴含的内涵：孝悌、仁德、敬业、勤俭、友爱等，因为谢邦彦的立身楷模，成为宝贵的精神遗产留传后人。一百多年后，秉承耕读传家的谢氏家族又诞生了一位名人——谢翱。

谢翱生于宋理宗淳九年（公元1249年），生于长溪，少时随父亲迁居县后街。谢翱的父亲谢钥，精研《春秋》，深受时人好评，他的爱国情操和报国大志也深深影响着谢翱。父亲谢钥经常带谢翱游览名胜古迹，进行爱国教育。十七岁的谢翱跟随父亲登临西台（今浙江桐庐县富春山），沿途看见南宋半壁江山沦落为敌手，更是激发了谢翱的爱国情绪。在南宋遭受元兵侵犯，国家在生死存亡之际，二十七岁的谢翱放弃"文章名家"的优裕生活，倾尽财产招募乡兵，追随文天祥奔赴国难。他跟随文天祥参加一场又一场保家卫国的激烈战斗，转战汀州、漳州、梅州，又兵出梅岭，收复江西宁都、雩都、会昌、兴国等地，辗转入粤。他在抗元复宋的斗争中，保持了民族气节，虽然只活了四十七个春秋，但他的爱国事迹和爱国诗篇却光耀后人。谢翱的名篇《登西台恸哭记》与文天祥的《指南录》同样名垂千古。

先辈的清风亮节和保家护国精神成为典范教育着后代。溪南乡的谢邦彦府宅至今依然保存完好的"官井""宅里湖"，县后街的谢翱旧居也依旧保存完好的建筑格局。人们透过斑斓的光影追寻先人的生活细节，同时，也在追思一方水土对一方血脉的滋养。谢氏宗族的耕读传承屹立成一道不朽的风景，激励着后人。

谢氏家训

孝父母，友兄弟。
敬长上，安本业。
明学术，尚勤俭。
明趋向，慎婚嫁。
勤祭扫，慎交友。
重忍耐，戒溺爱。

中国传统耕读文化中的孝悌为本、崇尚道德、克勤克俭、人与天调、自强不息、协和万邦等内涵，是当今时代仍有现实价值的文化之"常道"。就全球化的普遍伦理来讲，家庭是社会的基本细胞，是人生的第一所学校。"耕读传家"是谢邦彦晚年辞官回故里时教育后人写下的"家训"，后人将谢邦彦抽梯苦读、自强不息的精神代代相传。

📎 名人名言

人不率则不从，身不先则不信。

——《宋史》

以身教者从，以言教者讼。

——《后汉书》

🎓 知识拓展

昼耕夜诵

"昼耕夜诵"出自《魏书·崔光传》："家贫好学，昼耕夜诵，佣书以养父母。"

崔光，北魏清河人，本名崔孝伯，字长仁。孝文帝赐名光。崔光幼年家贫，嗜书好学，后为人撰写书稿，以润笔之资赡养父母。

公元 482 年，崔光仕魏为中书博士著作郎，与秘书丞李彪共撰国史，后李彪解职，史事由崔光专任。后因谋略功，实授太子少傅，迁右光禄大夫。公元 516 年，封为平恩县侯，加授太子太保。公元 518 年，崔光奏请修补《石经》。

昼耕夜诵的故事——勤奋是成功的秘诀。

从前，有一个叫李密的农夫，他每天早上都要去田间劳作，非常勤劳。然而，即使在劳动的时候，他也一直在读书。每天晚上，当他完成耕种后，他都会回到自己的房间里，拿起一本书，继续阅读。不管是炎热的夏日还是寒冷的冬天，他从来没有停止过学习。

有一天，李密遇到了一个著名的学者，学者问他："你这么勤奋地学习，是为了什吗？"李密回答道："我想要成为一个优秀的人，为社会做出更大的贡献。"学者听了之后，深深地被李密的勤奋和决心所感动，称赞道："你如此勤奋，一定会取得成功的。"

最终，李密没有让人失望。他不断地努力学习，不断地进步，最终成为了一名优秀的学者，并被朝廷任命为官员。他的成功得益于他的勤奋和坚持，因为他一直坚信，只有不断地学习和进步，才能取得成功。

模块二

工匠精神

前言导读

劳动者素质对一个国家、一个民族的发展至关重要。中华人民共和国成立70多年来，我国工业发展取得了令人骄傲的成就，建成了全球最完整、规模最大的工业体系。在长期实践中，我们培育形成了执着专注、精益求精、一丝不苟、追求卓越的工匠精神。本模块内容将概述工匠精神的历史渊源、内涵，从传统手工业到现代工业的发展历程，以期更好地理解工匠精神。

知识导航

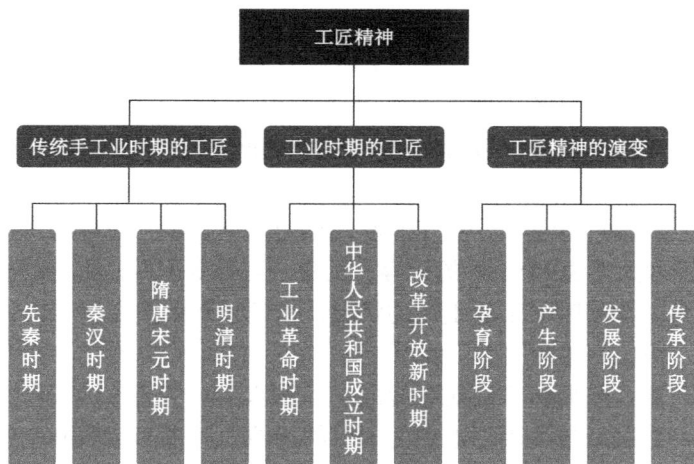

主体内容

传统手工业时期的工匠

中国古代有"士农工商"四民之谓，其中的"工"就是指工匠，即有手艺专长的人。工匠的历史源远流长，有历史记载的工匠可以追溯到六七千年前，比有文字记载的历史都早。工匠从手工业、农业当中分离出来，这是当时社会最先进的生产力。

（一）先秦时期

旧石器时期人们获取食物的方式主要是猎取野兽、采集可食用的植物果实。这一时期的匠人主要是石器匠人，他们对石器进行加工，主要的石器有石斧、锛、凿等。旧石器时期早期的石器比较简单，一般是将天然砾石加以敲击，然后再稍作加工，形状不规则，一件石器有很多用途。中期时的石器就较复杂，打制技术有很大提高，加工也比较精细。旧石器时代中期以莫斯特文化为代表，其主要特征是修理石核技术有了很大的发展，典型器物是比较精致的刮削器和尖状器。晚期时的石器已经出现了穿孔和磨光技术。根据考古遗迹，旧石器时代的人们在食物充足的地方建立了有专门的领导者和工匠的复杂社会。

新石器时代是以使用磨制石器为标志的人类物质文化发展阶段。人们不仅学会了磨制各类更加精致实用的石器。很多在旧石器时代末期就已涌现出萌芽的技艺，如制陶、纺织等，都陆续被人们所熟练掌握运用。经过 1993 年、1995 年、2004 年三次考古挖掘，考古学家在湖南道县玉蟾岩遗址发掘出了最早的陶制品，出土的陶片可以初步确定距今 1.8 万年，这比世界其他任何地方发现的陶片都要早至少好几千年。该时期遗迹散布于世界各地，出土了大量石器、玉器、陶器及碳化的纺织品残骸。

大量新发明、新技术的涌现，催生出了最早的一批专业技术人员——匠人。这一时期的匠人主要是为了方便生产生活，对工具不断地钻研、探索，工匠技术主要表现在工具技术的进步。

随着中国古代农业的进一步发展，夏商周时期手工业得到了快速发展，涵盖了多个领域，包括农业、纺织、金属冶炼、陶瓷制造和建筑等。中国早在夏商周时期已经建立起相当完备的工匠制度，工艺流程，成书于春秋末期战国初期的《周礼·考工记》，这是我国已知年代最久远的手工业技术文献，把当时的社会成员划分为"王公、士大夫、百工、农夫、妇功、商旅"六大类，对百工的职责做了明确界定："审曲面势，以饬五材，以辨民器，谓之百工"，也就是说工匠的职责是需要充分了解自然物材的形状和性能，对原材料进行辨别挑选，加工成各种器具供人所用。

《考工记》全书共 7100 余字，记述了春秋战国时期官营手工业中的木工、金工、皮革、染色、刮磨、陶瓷等六大类 30 个工种的内容，反映了当时我国所达到的科技及工艺水平。书中详细地记载了先秦时期当时手工业生产的状况，提到了六种主要的工匠，分别是：土工、金工、木工、漆工、陶工和染色工。

土工，即土木工匠，主要负责建筑工程的设计和施工，包括筑城、修路、建桥等。在古代，土工具有极高的社会地位，因为他们为国家的国防、民生和宗教事业作出了巨大贡献。土工的技术和智慧在古代建筑工程中得到了充分的体现。如秦始皇时期的兵马俑、长城等伟大工程，都是土工们辛勤努力的成果。

金工，指的是金属加工工匠，主要包括铜工、铁工和金银器工匠。他们负责制造和加工各种金属器物，如武器、工具、器皿等。在古代，金工的重要性不言而喻，因为他们为战争、生产和生活提供了必要的金属制品。金工们精湛的技艺和独特的创意，使得他们的作品成为古代工艺品的代表。

木工，即木材加工工匠，主要负责建筑、家具、船只等木材制品的设计和制作。木工在古代同样具有很高的地位，因为木材在古代社会生活中的应用极为广泛。木工们凭借精湛的技艺，将木材加工得精美绝伦，为古代建筑和家居生活增色添彩。

漆工，是指从事漆器制作的工匠。他们以木材、竹材等为胎，涂以漆料，制作出各种精美的漆器。漆工在古代手工业中占有重要地位，漆器则是古代贵族和文人墨客喜爱的工艺品。漆工们独具匠心的创意和精湛的技艺，使得漆器（图 3-2-1）成为古代工艺品中的瑰宝。

图 3-2-1 漆器

陶工，负责制作陶瓷器皿。古代陶瓷技艺精湛，品种丰富，既有生活实用的陶瓷器，也有寓意吉祥的陶塑。陶工们将生活与艺术相结合，创造出许多具有时代特色的陶瓷作品（图 3-2-2），为古代文化增色添彩。

图 3-2-2 陶瓷作品

染工，主要从事纺织品的染色和加工。他们以植物、动物和矿物等天然染料，为纺织品染上美丽的色彩。染工们掌握着丰富的染色技艺，使得古代纺织品色彩斑斓，展现出浓厚的民族风情。

这六种工匠分别代表着当时手工业生产的六个重要领域，反映了我国古代手工业的繁荣和发展。这些匠人都是经过长期的训练和实践，掌握了一门特定的手艺或技能，并能够将其运用到实际生产和制造中。同时，《考工记》记载"知者创物，巧者述之守之，世谓之工。百工之事，皆圣人之作也"，这里将"创物"的"百工"称之为"圣人"，充分体现了早期的器具设计需要非凡的智慧。

周代的手工业生产是直接为统治阶级服务的，其中包括农具、武器和车辆、服装、皮革制品等各种各样的产品。而春秋战国时期，随着社会的发展，民营工业出现并迅速得到发展。这一时期，冶铜业、冶铁业、煮盐业、纺织业、木工与漆器制造等手工业都得到了迅速的发展，无论生产规模与生产技术都比过去大为进步。此外，皮革工业、人造玻璃制品、制陶业、酿酒业也有突出进步。战国时期的著名的工匠鲁班，手艺高超，他"削竹木以为鹊，成而飞之，三日不下"，制成了世界上最早的模拟飞行器或滑翔机。由于他的木工技巧惊人，被后世尊为木匠的鼻祖。

（二）秦汉时期

秦汉时期的手工业是沿着战国时期的趋势而向前发展的，它与商业的发展互为因果，促使了部门的增多，从《史记·货殖列传》的材料看，汉代的手工业部门，有采矿业、冶铁业、铸造业、陶瓷业、纺织业、印染业、造船业等，并形成了一些规模较大的工商业城市。这一时期杰出的工匠代表主要有东汉时期的丁缓、蔡伦、杜诗，三国时期的马钧等。

丁缓是东汉时期的发明家，为常满灯，七龙五凤，难以芙蓉莲藕之奇，又作卧褥香炉，一名被中香炉，本出房风，其法后绝，至缓始更为之。设机环转，运四周而炉体常平，可置之被褥中，故以为名。又作九层博山香炉，镂为奇禽怪兽，穷诸灵异，皆自然运动。又作七轮扇，七轮大皆径尺，递相连续，一人运之，满堂寒颤。

蔡伦总结以往人们的造纸经验革新造纸工艺，终于制成了"蔡侯纸"；"造纸术"被列为中国古代"四大发明"之一，被纸工奉为造纸鼻祖、"纸神"。

（三）隋唐宋元时期

隋唐时期，手工业进步很大，出现了许多手工业品专门产地。如陶瓷的地理分布是北方产白瓷、南方产青瓷。由于手工业的发展，新手工行业的出现，民营手工业作坊开始昌盛。许多手工技术在当时达到国际先进水平。唐的丝织业、陶瓷业举世闻名，此外，建筑、造船、航海技术也十分精湛。宋神宗时，为了派使者到高丽，曾经打造过两艘大型海船。这两艘大型海船从定海出海到达高丽时，高丽国人"欢呼出迎"。宋徽宗时，又打造了两艘很大的"神舟"，出使高丽。根据当时的记载推算，神舟载重约为1100吨。船抵高丽时，高丽国人"倾国耸观，欢呼嘉叹"，当时中国的造船技术和航海技术都领先于世界。

这一时期的杰出工匠代表主要有隋朝时期的李春、北宋时期的毕昇、元朝时期的朱世杰和郭守敬等。

李春是隋代造桥匠师，其建造的赵州桥已存世超过1400年，堪称中国建筑史上的奇迹之一。历史悠久、结构奇特、造型美观、居世榜首的赵州桥，凝聚了李春的汗水和心血。李春也因此成为中国，乃至世界建筑史上第一位桥梁专家。唐中书令张嘉贞著《安济桥铭》中记有："赵州洨河石桥，隋匠李春之迹也，制造奇特，人不知其所以为。"

毕昇原本是杭州书肆刻工，后根据实践经验，发明胶泥活字印刷技术，即在胶泥片上刻字，一字一印，用火烧硬后，便成活字。这一技术未及推广，毕昇就去世了。他的字印为沈括家人收藏，事迹见于沈括的《梦溪笔谈》。活字印刷后被称为中国古代四大发明之一，比德国人古腾堡发明金属活字印刷早四百多年。

朱世杰是元代数学家、教育家，毕生从事数学教育，有"中世纪世界最伟大的数学家"之誉。朱世杰在当时天元术的基础上发展出"四元术"，也就是列出四元高次多项式方程，以及消元求解的方法。此外他还创造出"垛积法"，即高阶等差数列的求和方法，与"招差术"，即高次内插法，主要著作有《算学启蒙》《四元玉鉴》。

（四）明清时期

明清时期，社会生产力的发展水平较之唐宋又有一定的提高。明清手工业各部门的生产规模在前代基础上继续有所扩大，技术也有所提高。如制瓷业中以吹釉法代替过去的刷釉法，施釉更加均匀光泽，有利于烧制大型瓷器。采矿业较多地使用火药爆破技术，冶炼业则广泛利用煤为燃料，并使用活塞式木风箱。丝织业中改进了提花织机，使织品档次提高，更加富于变化。印刷业中铜活字普遍使用，套印和横版、拱花技巧的发展，可以印出非常精美的彩图。

此外，历代中央政府机构一定会设有工部，这些都反映我国古代对工匠的专业性、重要性和创造性的认知和重视。

工业时期的工匠

（一）工业革命时期

工业革命的开展，传统手工业发展受到极大冲击。机器生产代替传统的手工生产，涉及印刷、食品加工、水、电、煤气、火柴、肥皂、制药、造纸、木材、玻璃、水泥等行业。闭关锁国的政策限制了中国与外界的交流，也阻碍了工匠技术的更新与进步。

在这个过程中，一些有远见的工匠开始尝试引进西方先进的生产技术和设备，投资设厂。他们通过学习、模仿和创新，逐渐掌握了现代化的生产方式和管理经验。这些新技术和新理念的引入，不仅提高了生产效率和质量，也为工匠打开了新的视野和思路。

同时，一些传统工艺也在工业革命的冲击下得以传承和发展。例如，在瓷器制作方面，中国工匠通过改进釉料配方、提高烧制温度等方式，使得瓷器（图3-2-3）的质量和品种都得到了极大的提升。在丝绸产业中，中国工匠则通过引进新品种的蚕茧和改进织造技术，使得丝绸（图3-2-4）的产量和质量都得到显著的提高。

图 3-2-3　瓷器

图 3-2-4　丝绸

此外，中国工匠还积极参与到国家建设和民生改善中。他们参与了铁路、桥梁、水利等重大基础设施的建设，为国家的现代化进程做出了重要贡献。如中国首位铁路总工程师詹天佑，1905 至 1909 年主持修建中国自主设计并建造的第一条铁路——京张铁路；创设"竖井开凿法"和"人"字形线路，震惊中外；在筹划修建沪嘉、洛潼、津芦、锦州、萍醴、新易、潮汕、粤汉等铁路中，成绩斐然。著有《铁路名词表》《京张铁路工程纪略》等。

（二）中华人民共和国成立时期

中华人民共和国逐步建立了独立的、比较完整的工业体系和国民经济体系，打下了较好的工业基础，特别是重工业基础。在辽阔的内地和民族地区，兴建了一批新的工业基地；国防工业从无到有逐步建设起来，特别是成功发射"两弹一星"，巩固了国家政权稳定；资源勘探工作成绩很大；铁路、公路、水运、航空和邮电事业都有很大的发展。这一时期的杰出的工匠代表主要有邓稼先、王淦昌、赵九章，他们艰苦奋斗、无私奉献的精神，不怕狂风飞沙，不惧严寒酷暑，没有条件，创造条件；没有仪器，自己制造；缺少资料，刻苦钻研。以惊人的毅力和速度从无到有、从小到大，创造出"两弹一星"的惊人伟绩。

（三）改革开放新时期

在改革开放历史新时期，中国工业取得了举世瞩目的成就，中国成为世界第二大经济体。

这时期杰出的工匠代表主要有"蓝领专家"孔祥瑞、"金牌工人"窦铁成、"新时期铁人"王启民、"新时代雷锋"徐虎、"知识工人"邓建军、"马班邮路"王顺友、"白衣圣人"吴登云、"中国航空发动机之父"吴大观等一大批劳动模范和先进工作者，干一行、爱一行，专一行、精一行，带动群众锐意进取、积极投身改革开放和社会主义现代化建设。

自2015年起，由中华全国总工会、中央广播电视总台等单位联合举办大国工匠评选活动，他们都是所在行业的顶尖技术技能人才，凭着精湛的技艺、过硬的本领和丰富的经验，帮助企业解决生产制造中的技术难题、创新难题，在各自岗位上发挥着关键作用，被企业及同行赞誉为"大国工匠"。这些杰出的代表有2022年"大国工匠年度人物"航空工业哈尔滨飞机工业集团有限责任公司数控铣工秦世俊，广西汽车集团有限公司钳工郑志明，天津第一港埠有限公司港口内燃装卸机械司机成卫东，中国中铁隧道局集团有限公司盾构操作工母永奇等。

工匠精神的演变

我国工匠精神从孕育到传承，主要经历以下四个阶段。

（一）孕育阶段

从简单的石器、骨器、木器等工艺制作到复杂的制陶、纺织、房屋建筑、舟车制作等原始手工业，无不体现了早期工匠艺人追求完整朴素的工匠精神。掌握好技术、练就好手艺，这既是古代工匠艺人谋生的必备条件，也是工匠精神的基本要求。

（二）产生阶段

以德为先，不仅是我国古代工匠艺人必须遵循的职业准则，而且是工匠精神得以产生的价值基础。工匠艺人作为一种职业团体，为了维护职业威望和信誉，适应社会的需要，在职业实践中，根据一般社会道德的基本要求，逐渐形成了自己职业的道德规范。"正德、利用、厚生"成为古代工匠艺人的职业道德规范。其中，"正德"居于首位，就是要求工匠必须为人正直，端正德行。因此，"崇德尚贤"成为中国工匠精神的伦理走向。

（三）发展阶段

对于我国古代工匠艺人来说，技艺的传承不仅是一种单纯的技术学习，更是一种内在的艺术熏陶和无形的心理契合。进入封建社会以后，随着经济发展水平的提高和社会发展的需要，以血缘关系为标志的代际传承逐渐走出家庭，种类繁多、形式多样的职业教育开始成为我国古代工匠艺人之间的承接体系和传承方式，"心传身授"的教育模式逐渐成为培养工匠的主要途径。我国古代有不少行业和岗位都传承着这种"工匠精神"：纸业，奉东汉蔡伦为祖师；陶瓷业的祖师，有柏林、虞舜、老子、雷公等；皮匠、鞋匠以孙膑为祖师；酿酒业的祖师是杜康；豆腐行以乐毅为祖师等。

师徒们在一起生活、学习、讨论、钻研技术，通过传道、授业、解惑的方式不仅培养了大批手工艺人和工匠技师，也养成了他们"尊师重道，谦虚好学"的美德。总之，工匠艺人对职业的尊重，对专业精神的信仰，对技艺传承的执着，对师徒情义的敬畏，无一不体现出我国古代工匠精神的价值意蕴。

（四）传承阶段

劳模精神、劳动精神、工匠精神是以爱国主义为核心的民族精神和以改革创新为核心的时代精神的生动体现，是鼓舞全党全国各族人民风雨无阻、勇敢前进的强大精神动力。现代中国工匠精神应包含以下几个方面。

首先体现在对技艺的极致追求上。自古以来，中国工匠就以精湛的技艺和严谨的态度著称于世。在现代社会，这种追求极致的精神依然得到了传承和发扬。无论是传统的手工艺人，还是现代的科技工匠，他们都以高超的技艺和严谨的态度，创造出无数令人赞叹的精品。他们不仅注重技艺的传承，更致力于技艺的创新，将传统工艺与现代科技相结合，打造出更具时代特色的作品。

其次，现代中国工匠精神体现在对品质的坚守上。品质是工匠精神的灵魂，也是工匠最为珍视的东西。在现代社会，面对激烈的市场竞争和不断变化的市场需求，中国工匠始终坚守品质至上的原则。

此外，现代中国工匠精神还体现在对创新的不断追求上。创新是工匠精神的核心，也是推动社会进步的重要动力。他们积极引进新技术、新工艺，不断探索新的设计理念和生产方式。他们敢于突破传统，勇于尝试新的可能性，以创新的思维和行动，推动行业的发展和进步。

同时，现代中国工匠精神也注重团队合作和分享精神。在工匠的世界里，一个人的力量是有限的，而团队的力量则是无穷的。团队合作和分享精神，不仅提升了工匠的整体水平和竞争力，也促进了整个行业的繁荣和发展。

另外，现代中国工匠精神还强调对社会责任的担当。工匠始终坚守诚信、公正的原则，以良心和责任心对待每一件作品。他们积极参与社会公益事业，用自己的技艺和力量为社会做出贡献。

工匠故事

孔祥瑞："蓝领专家"退而不休 工匠精神永续传承

作为老一辈港口人，孔祥瑞亲历并见证了天津港翻天覆地的变化。

1972年，17岁的孔祥瑞初中毕业，被分配到天津港当门吊司机。当时的天津港从匈牙利进口了3台门吊机，结束了肩挑背扛的货物装卸时代。面对新设备和复杂的操作参数，孔祥瑞在师傅的鼓励下啃起了设备使用说明书，一页页看、一条条记，直到吃透弄懂。

"那段时间，工友们休息我看书，拼的就是耐力，靠的就是勤学好问，这也让我第一次感受到了知识的力量。"经过三个月的艰苦学习，孔祥瑞精通了吊机的设计参数、工作原理，更让他成了队里的技术专家、吊装高手。

2001年，在天津港冲击亿吨大港的过程中，孔祥瑞所在的装卸队承担了2500万吨货物的装卸任务。设备还是这些设备，人还是这些人，可任务量却增加了近 30%。

孔祥瑞组织技术骨干集体攻关，通过"抓斗起升、闭合控制合二为一"的创新方法，使每台门机一次节省 15.8 秒，每台门机平均每天多装卸 480 吨，从而使全年装卸量达到了 2717 万吨，超过了预定目标。这项操作法后来被命名为"孔祥瑞操作法"。

2006 年，孔祥瑞踏上了新岗位，又加入到天津港"北煤南移"的重点任务中。在天津港南疆港区，他看到了世界最先进的煤炭连续作业生产线。在没有先例借鉴的情况下，孔祥瑞主动请求、勇于担当，组织编写了全国港口第一本系统设备故障维修技术指南，将日常保养和维修的 442 项做法加以总结归纳，供一线工人解决"疑难杂症"，实用性很强，深受欢迎。

"工人有知识有技能，才有力量。"这句话是孔祥瑞一线奋斗 40 多年的经验总结。正因为执着追求，孔祥瑞从一名只有初中文凭的码头工人，成长为远近闻名的"蓝领专家"和全国劳模，先后组织实施了 220 多项技术创新项目，获得 16 项国家专利，为企业创造经济效益超亿元。

2017 年退休后，孔祥瑞受聘成为职业技能大赛的评委。在每年一届的大赛上，他不仅要对每名选手进行点评，还要对这些未来的"大国工匠"进行培训。截至目前，孔祥瑞已连续参加了七届，培训了上百名蓝领工匠。"在职业技能大赛总决赛上，我看到好'苗子'越来越多。他们的技术越来越好，动手能力越来越强，更适应新时代的新要求。"孔祥瑞说。

近日，孔祥瑞回到了他阔别许久的码头，感受到了智能化带来的新变化。基于 AI 的智能运输管理系统、全球领先的"智慧零碳"码头……一系列科技成果已经在天津港落地应用。孔祥瑞对年轻的同事们说："人工智能时代，同样需要我们蓝领工匠。但我们需要转型、需要提升，要学会操作、养护更多的智能设备，把我们的动手能力、技术水平提升到新的水平，这是时代对我们的要求。"

只有一个孔祥瑞远远不够。近年来，天津港集团推出"劳模大讲堂"，每年组织一届"孔祥瑞杯"技能大赛；天津市总工会也开设了"劳模大讲堂"，弘扬工匠精神，让无数孔祥瑞这样的"蓝领专家"涌现出来。

如今，退而不休的孔祥瑞，仍在埋头书海、努力学习知识，将传承理想、培育大国工匠作为新的追求。

"职业技能大赛是广阔的舞台，我将不遗余力地把自己多年来的技术、经验传授给更多的一线职工。我将继续发挥光热，将工匠精神传承下去。"孔祥瑞说。

刘中民：煤炭清洁高效利用的"催化师"

他深耕能源化工领域四十余载，催得"乌金"变"绿能"；他是把煤变成烯烃的"魔术师"，在世界上首次实现煤制烯烃工业化；他成功开辟煤基乙醇的新"赛道"，让乙醇生产与粮食脱钩……

他就是中国工程院院士、中国科学院大连化学物理研究所所长、2022 年"最美科技工作者"获得者刘中民。

他长期从事能源化工领域应用催化研究与技术开发工作，带领团队开发出甲醇制烯烃技术、煤基乙醇技术，先后捧回中国科学院科技进步奖特等奖、"八五"重大科技成果奖、中国科学院杰出科技成就奖、国家技术发明奖一等奖等重要奖项。

烯烃其实就是制造塑料的原料，离我们的生活并不远。在传统技术中，烯烃生产严重依赖石油资源。

这对中国来说并不是个好消息。"我国的石油资源短缺，富煤贫油少气的基本国情决定了我们不能走完全依赖石油制烯烃的道路，必须立足于自己的资源禀赋做出我们需要的产品。"刘中民说。

1990年，博士刚毕业的刘中民被任命为大连化物所甲醇制烯烃研究组副组长，带领团队开启甲醇制烯烃的科技攻关之路。

经过无数次的失败和尝试，2010年，神华包头180万吨/年甲醇制烯烃工业装置投料试车一次成功，他们在世界上首次实现煤制烯烃工业化。

刘中民至今记得成功投产那一刻："所有人都沸腾了，大家激动得流下眼泪，这代表着数十年的研究成果正式投入使用，我们做研究的目的是最后能够应用。"

截至目前，甲醇制烯烃系列技术已经签订了31套装置的技术实施许可合同，烯烃产能达2025万吨/年（约占全国当前产能的三分之一）。已投产的16套工业装置，烯烃产能超过930万吨/年，新增产值超过930亿元/年。

目前，甲醇制烯烃技术已经发展到第三代，刘中民团队还在不断探索，以推动该技术继续升级换代。

除了甲醇制烯烃技术，刘中民还从国家需求出发，领衔开发了煤基乙醇技术，实现了全球首次煤经二甲醚羰基化制乙醇技术工业化，开创了乙醇多元化供应的新局面。

目前，煤基乙醇技术已签订11套技术许可合同，乙醇产能累计达到345万吨/年，煤基乙醇战略新兴产业已具雏形。

实现"双碳"目标，应该怎么做？心怀"国之大者"，刘中民有自己的思考。"煤炭、石油、天然气、可再生能源与核能，是我国现阶段使用最多的五大能源。'双碳'目标下，我国要将传统的化石能源为主的能源体系转变为以可再生能源为主导、多能融合的新型能源体系，促进我国能源及相关工业升级。"刘中民说。

为更好地服务国家"双碳"目标，适应多能融合技术的发展趋势，刘中民也将研究更多地聚焦在能源和高能耗工业领域，思考研究所未来的发展方向，"既要保持原来的特点和优势，又要把短板补上，更好地为国家服务。这是我作为科技工作者和所长的应尽之责。"

展望未来，刘中民根据国家"双碳"目标需要，继续积极承担起能源领域科技创新、推动能源转型发展与相关产业升级的重任。

知识拓展

古代关于工匠的传说

传说有巢氏是一位发明巢居的人类始祖。几十万年前的荒蛮时代，始祖人类有巢氏为摆脱与禽兽争夺居住洞穴的局面，模仿喜鹊筑巢，带领族人筑巢而居，后经试验、改良、摸索，造出既可避雨雪、防风暴，又可御严寒的可供人居住的"巢穴"。后来，有巢氏又引导大家采集树叶、草茎，编织衣物，或用兽皮围在腰上抵御寒冷、防止蚊虫叮咬，人类穿上了衣服；又尝试用树的果实和草的种子等植物代替肉食，既解决了食物的短缺，又有利于人类的健康。

巢居的发明大大改善了人类的居住环境，使人类进一步摆脱了对山洞的依赖，开始拓展生存领域。有巢氏和他的子孙，也因此受到人们的尊敬和拥戴，被人们拥立为大王，建立起巢国。巢国境内的大湖，被人们称呼为巢湖。有巢氏部落的智慧和功德受到天下关注和赞誉，关于有巢氏的种种传说也一直流传至今。

主题实践活动 ——探寻身边的工匠

　　1. 参观"名人蜡像文化馆"或者走进社区，通过聆听讲解、观摩实物，感知中国工匠人物智慧，寻找那些默默付出、精益求精的工匠们，了解中国工匠的历史渊源，与同学分享感受到的中国工匠精神。

　　2. 参观传统工艺品制作工坊，了解他们的工作流程和技艺传承，亲手尝试制作工艺品实践活动，体验工匠们的辛勤与专注。

模块三

劳模精神

前言导读

劳动是推动人类社会进步的根本力量。正是因为劳动创造，我们拥有了历史的辉煌；也正是因为劳动创造，我们拥有了今天的成就。2020年全国劳动模范和先进工作者表彰大会受到广泛关注，体现了全社会对劳动价值的认同、对先进模范的尊崇。劳动模范和先进工作者以自身的模范行动和崇高品质，生动诠释了中国人民具有的伟大创造精神、伟大奋斗精神、伟大团结精神、伟大梦想精神，充分彰显了以爱国主义为核心的民族精神和以改革创新为核心的时代精神。

知识导航

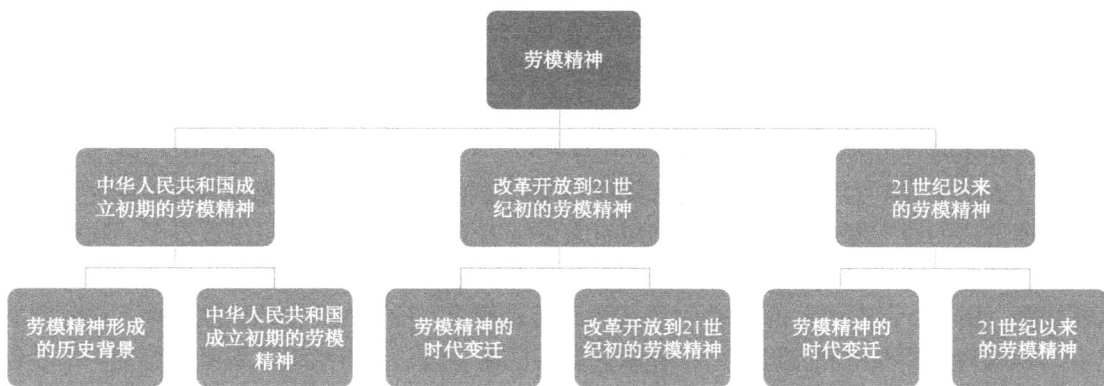

主体内容

中华人民共和国成立初期的劳模精神

（一）劳模精神形成的历史背景

中华人民共和国成立初期是辞旧迎新、改天换地的跨越性历史时期，也是劳模价值极大发挥、劳模精神极度彰显的时期。广大人民群众依靠无私奉献、以苦为乐、勤俭节约、团结互助的劳模精神推进社会主义建设，创造了辉煌历史。中华人民共和国的劳模选拔表彰制度的由来，可以溯源到 20 世纪 30 年代。

抗战时期，在陕甘宁边区，劳模表彰已成制度，数以百计的劳模涌现出来，劳动竞赛如火如荼。1943 年，陕甘宁边区劳模大会上，边区劳模孙万福激动地说："还是制度好啊，种田的人都能成模范！"

（二）中华人民共和国成立初期的劳模精神

1950 年 9 月 25 日至 10 月 2 日，全国工农兵劳动模范代表会议在北京举行。这是中华人民共和国成立以来的首届劳模大会。会上，中央人民政府授予 464 人"全国劳动模范"称号。

此后，劳模评选制度得到了全面的推广和完善，我国定期在各个地方、各个领域、各个层级，评选劳动模范、先进工作者、三八红旗手、青年突击队……构成了庞大而规范的国家表彰体系。评先进、宣传先进、用先进人物的榜样作用激励群众，成为推动国家建设和社会风气转变的有力手段；而全民学先进、赶超先进、争当先进的社会风气，又使得社会主义制度下的中国成为涌现大批英雄人物的丰厚土壤。

1. 中华人民共和国成立初期劳动模范评选的重要意义

（1）劳模评选表彰的制度化为劳模精神奠定了制度基础

劳模评选表彰活动上升为国家的一项治理制度，评选标准得以明确和细化，为劳模精神的生成提供了制度基础。在此过程中，广大劳动者投身劳动实践的热情得以激发和释放，各行业系统涌现出大批劳动模范。这一时期的劳动模范评选和表彰更是为普通劳动者成长为全国劳动模范提供了强大的动力与现实的路径。

1950 年 7 月，中央人民政府政务院第 42 次政务会议通过《关于召开全国战斗英雄代表会议和全国工农兵劳动模范代表会议的决定》指出，在中国共产党领导下，解放战争和人民革命取得了全国范围的胜利，大规模经济建设工作已经开始。为了表彰在中国革命战争中涌现出来的战斗英雄和工农兵工作模范，激励全军发扬革命英雄主义精神，加强人民解放军现代化建设，鼓励全国人民发展生产，繁荣经济，建设新中国的伟大事业，特决定召开这两个代表会议。

（2）媒体的宣传为劳模精神营造了舆论氛围

以《人民日报》为例，报社还对劳动模范撰写的信件、劳动模范光荣事迹和先进生产经验、劳模选拔的通知等多个方面的内容留有大量版面进行报道，这些报道数量多、频率高，特别是在劳模会议即将召开的一段时间内对劳模事迹进行专门报道和宣传，使全国上下都沉浸在培育、树立、评选、宣传劳模，"人人争当劳动模范"的积极、浓厚的氛围中。在此影响之下，各地将选举模范和完成生产任务紧密地连接在一起，纷纷组织开展劳动竞赛，不断创造新的生产纪录。劳模精神在这种氛围中逐渐凝聚成一股强大的精神力量，激励全体劳动者为个人的幸福和国家的发展积极开展劳动，发展生产。

（3）社会环境为劳模精神赋予了实践基础

社会环境需要广大劳动者来改善，国家经济的进一步发展需要劳动者来建设，在这一过程中，必须要有引导者和带头人引领劳动者的实践、激发劳动者参与劳动生产的热情，劳模作为广大普通劳动者的先进代表应运而生。东北新纪录运动创始者赵国有、模范工程师于松如、闻名全国的农业劳模李顺达、发起全国劳动竞赛倡议的马恒昌、因创造先进工作法而闻名全国的郝建秀、改进造纸机的宋春化、热修马丁炉的潘长友、女工纺织能手朱玖、英勇护厂的吴坤山等便是这一时期著名的劳动模范。劳动模范在劳动实践过程中展现的精神面貌逐渐凝聚成劳模精神。

2. 中华人民共和国成立初期劳动模范典型代表

时传祥：宁愿一人脏，换来万家净

时传祥，1915 年 9 月出生在大胡庄一个贫苦农民家庭。1930 年初，他逃荒流落到北京城郊，受生活所迫当了一名掏粪工，在粪霸手下受尽了压迫与欺凌。中华人民共和国成立后，时传祥进入北京市原崇文区清洁队工作。在此后的十七八年时间里，他无冬无夏，挨家挨户掏粪扫污，几乎没有闲暇时间。

老北京平房多，四合院里人口密度大，茅坑浅，粪便常溢出来，气味非常难闻。时传祥总是不声不响地找来砖头，把茅坑砌得高一些。哪里该掏粪，不用人来找，他总是主动去。不管坑外多烂、坑底多深，他都想方设法掏干扫净。

时传祥带着对党和人民报恩的朴素感情，不仅苦干加巧干，还进行技术革新，带领大家共同进步，在掏粪工人中享有很高的威信，被工友们推选为前门粪业工人工会委员兼工会小组长。

当时，北京市人民政府为了体现对清洁工人劳动的尊重，不仅规定他们的工资高于别的行业，还想办法减轻劳动强度，把过去送粪的轱辘车换成汽车。运输工具改善后，时传祥合理计算工时，挖掘潜力，把过去7人一班的大班，改为5人一班的小班。他带领全班由过去每人每班背50桶增加到80桶，他自己则每班背90桶，最多每班掏粪背粪达5吨。管区内的居民享受到了清洁优美的环境，而他背粪的右肩常年肿胀，被磨出一层厚厚的老茧。

1956年11月，时传祥加入中国共产党。1958年，当选为北京市政协委员。1959年，被评为全国劳动模范。

时传祥不仅自己一生投身环卫事业，还非常关心环卫事业的后继与发展。在他提议下，自1962年开始，清洁队陆续分来一批初高中毕业生，时传祥担任原崇文区清洁队"青年班"班长，担负起这些年轻人的传帮带任务。他通过言传身教，帮助青年人树立了"工作无贵贱、行业无尊卑"的为人民服务的思想，带出了一个思想过硬、业务一流的青年班。

一天背粪八九千斤，走几十里坑坑洼洼的路，因积劳成疾，1975年5月19日，时传祥在北京去世。

在时传祥感召下，他的4个子女全部进入环卫战线工作。他的孙女时新春，也成为时家的第三代环卫工人，继续发扬"宁愿一人脏，换来万家净"的时传祥精神。齐河县城管局有一支以时传祥名字命名的"时传祥女子保洁班"，保洁班班长张艳说："虽然现在环卫工作条件发生了翻天覆地的变化，但时传祥精神永不过时，一直激励着我们要坚守好全心全意为人民服务的初心。"

铁人王进喜：为党和人民当一辈子老黄牛

王进喜，1923年10月出生于甘肃省玉门县赤金堡一个贫困的农民家庭，是中华人民共和国第一批石油钻井工人，全国著名的劳动模范。1938年，王进喜进入玉门石油公司当工人，先后担任玉门石油管理局钻井队队长、大庆油田1205钻井队队长、大庆油田钻井指挥部副指挥。1956年加入中国共产党。

面对中华人民共和国成立之初石油短缺的局面，他以强烈的责任感、高昂的政治热情，投入到为祖国找石油的工作之中。1960年，王进喜率领1205钻井队从玉门到大庆参加石油大会战。在重重困难面前，全队以"宁可少活二十年，拼命也要拿下大油田"的顽强意志和冲天干劲，苦干5天5夜，打出了大庆第一口喷油井，并创造了年进尺10万米的世界钻井纪录，展现了大庆石油工人的气概，为我国石油事业立下了汗马功劳，成为中国工业战线一面火红的旗帜。

打第二口井时突然发生井喷，当时没有压井用的重晶石粉，王进喜决定用水泥代替。没有搅拌机，他不顾腿伤，带头跳进泥浆池里用身体搅拌，经全队工人奋战，终于制服井喷，王进喜因此被誉为"铁人"。

由于长期积劳成疾，他身患胃癌，在病床上仍然关心着油田建设，直到生命最后一刻，病逝时年仅47岁。王进喜为我国石油工业的发展和社会主义建设作出了突出贡献，留下了宝贵的精神财富。以"爱国、创业、求实、奉献"为主要内涵的大庆精神和铁人精神，集中展现了我国工人阶级的崇高品质和精神风貌，是团结凝聚百万石油人的强大精神动力，已经成为中华民族伟大精神的重要组成部分，永远激励着中国人民不畏艰难、勇往直前。

梁军：为建设"北大荒"不懈奋斗

1948年2月，中央从苏联进口拖拉机在北大荒垦地种田，黑龙江省委在北安举办拖拉机手培训班。梁军很快报了名。经过刻苦学习，梁军不仅学会了开拖拉机，还掌握了拖拉机检修等技术。

梁军开着拖拉机奋斗在北大荒，一日三餐吃在地头，抢节气、争进度、保生产。经过媒体的报道，梁军的名气迅速传开。受她影响，许多女同志立志学开拖拉机，并前来支援北大荒建设。于是，来自祖国四面八方的12位姑娘组成新中国第一支女子拖拉机队，梁军是第一任队长。当时，驾驶着拖拉机耕耘在黑土地上的女子拖拉机手，成为全国人民建设新中国的榜样。

1958年，国产拖拉机诞生，梁军兴奋地开着国产拖拉机的情景，出现在第三套人民币的壹元纸币上。特别是近些年被确认这位人民币上的女拖拉机手就是她之后，梁军再度成为家喻户晓的人物。对此，梁军说："人民币上的女拖拉机手以我为原型，那是新中国妇女的代表。希望我能成为青年的榜样，让他们都能够继承北大荒精神，发扬北大荒精神。"

许多了解梁军的人都说，梁军的事迹正是那段波澜壮阔开发建设北大荒的真实写照，鼓舞着新一代建设者们继承艰苦奋斗的光荣传统，保持开拓进取的坚定信心，创造出新的业绩。

1952年，梁军以优异成绩考入北京农业机械化学院。1957年初，大学即将毕业的梁军再次投身北大荒建设。经过大学学习，梁军打下了坚实的农机专业理论基础，逐渐完成由一个拖拉机手向农机专家的转变。回到黑龙江后，梁军长期负责黑龙江省及哈尔滨市农机技术，制定技术管理规程，编制地方的农机发展规划，在开发新技术、应用现代化管理科学新方法等高级技术方面很有建树。

1990年，梁军从哈尔滨市农机局总工程师岗位上离休。作为新中国第一个女拖拉机手，梁军堪称新中国农民和农机事业实现现代化的标志性人物。"在党的培养下，我成为一名女拖拉机手和农机科技人员，为祖国的发展强盛、为把北大荒变成北大仓做了一些贡献，这一切都是我应该做的。"梁军说。

3．中华人民共和国成立初期劳模精神的特点

中华人民共和国成立初期的劳动模范大多是体力劳动者，劳模精神主要体现为苦干实干为主。

这一时期的劳模主要来源于基层，一线产业工人是主流，"一不怕苦、二不怕死"的硬骨头精神和"老黄牛"形象是他们的真实写照。时传祥、王进喜、梁军等劳动模范是一个时代的劳动者符号。尤其在面临着较大的自然灾害及经济严重困难时，这些劳动模范像老黄牛一样只求奉献，不求索取。在工作岗位上尽职尽责，任劳任怨，勇于为社会主义革命献身，为社会主义建设拼命，是革命型劳模。这背后反映的是中华人民共和国成立初期，土地改革逐

步推行，基础设施建设大力推进，一线工人、农民成为社会主义建设的主力军的社会现状，也折射出建国初期的劳模不畏困难、艰苦奋斗、自力更生、无私奉献、刻苦钻研、不怕牺牲的精神品质。

改革开放到 21 世纪初的劳模精神

（一）劳模精神的时代变迁

十一届三中全会后，吹响了改革开放的号角。一大批知识型、专家型劳模应运而生，并在中国科技史上取得了卓越的成就。"科学技术是第一生产力"的论断使中国迎来了科学的春天，中国的科技界涌现出了一大批以陈景润、蒋筑英、罗健夫等为代表的知识精英。居于六平方米斗室的陈景润，借助一盏昏暗的煤油灯、一张床板、一支笔、六麻袋的草稿纸，亲手摘下数学皇冠上的明珠。正是由于这批震撼中外科学界的优秀人物的事迹，唤起了几代人的科学梦和强国梦，激励了数以千万计的知识分子，在科学技术界迅速形成了一个为国争光、攀登科学高峰的热潮，中国的科学事业为此而获得了飞速的发展。从这一时期开始，劳动模范不再拘泥于一味苦干，而是用科学技术提高了生产率。

80 年代的中国女排是一个英雄的集体，"五连冠"塑造了属于中国的女排精神。凝聚着志向、信心、实力、能量的"女排精神"，影响、激励了刚刚走进改革开放的中国人。中国人是一个能够追赶别人的人，中华民族是一个能够超越别人的民族。中国女排不仅是体育界的骄傲，而且亦是全体中国人的骄傲，"女排精神"不仅大大地激发了一代人锐意进取，而且也成为当时中国人昂首前进的伟大精神动力。

90 年代的中国社会是一个剧烈变化的社会，飞速发展的经济让世界刮目相看。社会价值观的变化也反映到社会生活的各个层面中去。但这一时期出现的，以孔繁森、吴敬琏、李素丽、于蓝等为代表的先进模范人物，他们以平凡的、光辉的、感人的事迹给社会交了一份满意的答卷。为了西藏的发展最终以身殉职的孔繁森，用生命践行"青山处处埋忠骨，一腔热血洒高原"的誓言；对中国经济学的理论发展和经济与社会政策的制定做出了多方面贡献的吴敬琏；被誉为"盲人的眼睛、病人的护士、外地人的向导、乘客的贴心人"的服务楷模李素丽；开创了中国儿童电影事业的第一个高峰，为我国社会主义文艺事业的繁荣作出了突出贡献的于蓝；被誉为 90 年代活雷锋的水电工徐虎，在平凡的工作中折射出耀眼时代光芒，以敬业奉献的精神激励着人们崇尚先进、敬业爱岗。他们身上反映出一种时代精神，一种社会所倡导的主流价值观。

层出不穷的劳模报道凸显了劳动人民的智慧，无论是工具或者技术的改进抑或管理方法的创新都凸显了劳动模范从经验型向创新型的转变。

（二）改革开放到 21 世纪初的劳模精神

1. 改革开放到 21 世纪劳模评选结构的变化

劳动模范职业呈多样化趋势。改革开放几十年来，随着社会分工不断细化，劳动模范几乎已经来自各行各业。在 20 世纪 70 年代末，工人、农民劳模在全国劳模中占相当大比例。他们是劳动模范的主体部分也是典型代表。有获得"钢铁钻工"荣誉称号的吴全清、"采油铁姑娘"徐淑英，还有尽显农民勤劳本色的金宗伦、金显耀父子等。除了传统行业，在 1979 年的全国科学大会上，首次出现了科技工作者、知识分子加入劳模评选行列的情况。

面向基层，劳动模范中企业一线职工比例稳中有升。从我国劳动模范评选开始，一线职工便是劳模群体的重要组成部分，在评选劳模时甚至会规定一线职工和农民在劳动模范中的最低比例。此前，由于对知识、科技的重视和政策导向的影响，知识分子劳模及企业负责人劳模、公务员劳模的比例曾有所增加。但一线职工和农民的占比稳中有升，始终坚持面向基层的导向。改革开放后，1989 年在评选全国劳模时，筹委会规定：在各地的推选人中，一线工人比例不得少于 32%，最终一线工人占比约 30%。1995 年的全国劳动模范评选中，共表彰了 2946 名全国劳动模范和先进工作者中，其中一线工人的比例仍为 30%。

2. 改革开放到 21 世纪初劳动模范典型代表

陈景润：永远纯真的数学巨人

陈景润，中国著名数学家。1933 年生于福建福州，1953 年 9 月被分配到北京四中任教。1955 年 2 月由当时厦门大学的校长王亚南先生举荐，回母校厦门大学数学系任助教。1957 年 10 月，由于华罗庚教授的赏识，陈景润被调到中国科学院数学研究所。1973 年发表了 "1+2" 的详细证明，被公认为是对 "哥德巴赫猜想" 研究的重大贡献。1996 年 3 月 19 日，陈景润在北京去世，年仅 63 岁。2009 年 9 月 14 日，他入选 100 位中华人民共和国成立以来感动中国人物之一。

由于学习刻苦，16 岁时，还在读高中的陈景润就提前考入厦门大学。在上课时，老师在课堂上提到了世界数学难题之一的 "哥德巴赫猜想"，拥有着极高数学天赋的陈景润就下定决心要攻克这个难题。

1957 年 9 月，陈景润的才能被华罗庚发现，将其调入中国科学院，专门研究数学，陈景润也有了施展才华的舞台。但陈景润不善于和人交往，乐于一个人独往独来，他就壮着胆子和同宿舍的同事商量，让他们把厕所让出来给他一个人用。在这个三平方米的厕所里，他一住就是两年。厕所中没有暖气，北京的冬天寒冷，陈景润在厕所的正中吊了一个大灯泡，既能照明又能取暖。明灯高悬，照亮了 700 多个夜晚，也照亮了科学崎岖小径上这位独行者艰辛的旅程。经过他的不懈努力，他终于证明了 "1+2"，并在 1973 年将发现过程和结果发表在《中国科学》上，国际数学界迅速将目光定在陈景润身上，陈景润的研究成果也被业内称为 "陈氏定理"，仅 40 岁的陈景润就此成为闻名世界的数学天才。

孔繁森：一腔热血洒高原

孔繁森，1944 年 7 月出生，山东聊城人。他 18 岁参军，1966 年加入中国共产党，部队复员后回到聊城老家工作。1979 年，国家要抽调一批干部赴西藏工作，时任聊城地委宣传部副部长的孔繁森主动报名。在担任日喀则地区岗巴县委副书记的 3 年间，他跑遍了全县的乡村、牧区，与藏族群众结下了深厚的情谊。1981 年，孔繁森奉调回到山东。

1988 年，山东省再次选派进藏干部，已是聊城行署副专员的孔繁森第二次赴藏工作，担任拉萨市副市长。到任仅 4 个月，他就跑遍了全市所有的公办学校和半数以上村办小学，为发展少数民族的教育事业奔波操劳。1992 年，拉萨市墨竹工卡等县发生地震，孔繁森立即赶赴灾区指导抗震救灾工作，并在羊日岗乡的地震废墟中领养了 3 名藏族孤儿。由于他经常把工资分给贫困群众，领养孩子后，原本就不宽裕的生活变得更加拮据。然而，即使平日三餐主要靠榨菜拌饭将就，他也坚决不让领养的孩子跟他一样吃苦。

1992 年底，孔繁森第二次调藏工作期满，自治区党委决定任命他为阿里地委书记。阿里地处西藏西部，被称为 "世界屋脊的屋脊"，平均海拔 4500 米，气温常年在零摄氏度以下，每年 7 至 8 级大风占 140 天以上，恶劣的自然环境和艰苦的生活条件使许多人望而却步。在征求孔繁森对于调任工作的意见时，他坚决而干脆地回答："我是党员干部，服从组织安排！"

1993 年春，年近 50 岁的孔繁森赴任阿里地委书记。为了摸清阿里的情况，他马不停蹄地实地考察、求计问策，与当地干部一起寻找带领群众脱贫致富的路子。在不到两年的时间里，全地区 106 个乡他跑了 98 个，行程 8 万多公里。

1994 年 11 月 29 日，孔繁森在去新疆塔城考察边贸的途中，遭遇车祸不幸殉职，时年 50 岁。在为他料理后事时，人们看到了两件令人心碎的遗物：一是他仅有的 8.6 元钱款；二是他的"绝笔"——去世前 4 天写成的关于发展阿里经济的 12 条建议。

在孔繁森的追悼仪式上，群众站在他的遗像前泣不成声，无数的哈达敬献在他的灵前。现场一副挽联十分醒目："一尘不染，两袖清风，视名利安危淡似狮泉河水；二离桑梓，独恋雪域，置民族事业重如冈底斯山。"这副 38 字的挽联，表达了阿里人民对孔繁森的无限哀思和崇敬之情。

李素丽："一心为乘客"没有终点站

"北京有个李素丽，服务那可真周到。"几十年过去了，公交车售票员李素丽，仍被人们津津乐道。

1981 年，李素丽因为 12 分之差没考上大学，在当公交司机的父亲的影响下，成了一名售票员。从此，平凡的售票台成了她人生最大的舞台。

"每一条公共汽车的线路都有终点站，但为人民服务没有'终点站'。"李素丽说。

车辆进出站时，李素丽售票台旁的车窗总是开着，这样下雨时她就能及时从车窗内伸出雨伞，为乘客遮雨；即使车厢里人再多，她都坚持在车厢里穿行售票，就为让乘客少走几步……

18 年的坚守与奉献，李素丽将平凡变得不凡。做老年人的拐杖、盲人的眼睛、外地人的向导、病人的护士、群众的贴心人……她用自己的实际行动，赢得了人们的尊敬。

根据工作需要，1998 年 10 月，李素丽调到北京公共交通总公司服务处工作；1999 年 12 月 10 日，开通"公交李素丽服务热线"；2008 年，任北京交通服务热线主任；2015 年 1 月，北京市政企分开，李素丽任北京公交集团客户服务中心经理……从一名普通员工到管理人员再到领导干部，身份变了、服务环境变了，但李素丽全心全意为人民服务的思想始终如一。

"您下车之后，往左走，大约七八十步，就到地铁站。"用"前后左右"代替"东南西北"，用"步数"代替"距离"，北京公交集团客户服务中心的指路方式有些与众不同。

"因为问路者多为外地人，不习惯用东南西北来辨别方向。"北京公交客户服务中心的接线员告诉记者，这个"步数"，是他们每个人下班后，一步步量出来的，"这是成立热线时，李素丽定下的规矩。"

2017 年 4 月 1 日，李素丽正式退休，但她又投身公益慈善事业，为人民服务，仍在继续……

3．改革开放到 21 世纪初劳模精神的特点

不仅物质文明要发展，精神文明建设也不能忽视，要实现两手抓。劳模精神引领了时代的新风，以人格化、现实化的方式成为时代精神的缩影，亦是促进中国特色社会主义建设不断向前的重要精神推动力。

20 世纪 80、90 年代劳模精神的时代内涵主要体现为：开拓创新精神、实干精神。这与国家对科技和人才的重视密切相关，并充分反映在劳模精神中。这些劳动模范的身上不仅具

有改革开放之前的爱国精神和无私奉献精神，更突出强调了开拓创新精神和实干精神。

21 世纪以来的劳模精神

（一）21 世纪以来劳模精神的时代变迁

进入 21 世纪以来，我国经济实力已得到极大提高，劳动者的生活方式、工作方式、劳动工具都有了明显的科技发展趋向，中国迎来新的历史发展机遇期，科技创新、民族振兴成为时代的主旋律。这些发展既使得不同分工方式的劳动者的地位与作用有了新的历史性变化，也为劳动者提供了广阔的发展前景和奋斗平台。劳模群体的结构也相应地发生改变，从普通劳动者到高级知识分子，从体力劳动者到脑力劳动者，从技术工人到企业家、科学家，国家对劳动者的创新品质培育日益重视，劳模群体的形象也相应地转向为"知识型、技能型、创新型"的复合型人才，他们以自己的智慧和汗水铸就了新时期的劳动丰碑。

除了重视创新精神，新时期的劳模评选也更加重视其人文精神的考察，对其道德品质的要求更加严格，不仅需要技术过关，更要着重道德修养高尚，辩证看待公德、私德和大德，重视个人利益与集体利益的统一。集中体现了中华民族与时俱进、顽强拼搏的崇高品格，同时凝重而又简洁地展示了中华人民共和国成立以来不同时代的思想观念，赋予劳模文化独具一格的引领风尚。

（二）21 世纪以来的劳模精神

1．21 世纪以来劳模评选结构的变化

21 世纪初至今，每五年召开一次全国劳动模范和先进工作者表彰活动，劳模评选标准也不断充实和完善。在倡导踏实肯干的劳动态度和技艺卓越的劳动能力的同时，增加了"对社会有突出贡献"等指标，并愈加重视劳动道德品格及精神要素。2005 年的全国劳动模范和先进工作者表彰大会上首次将劳模精神的科学内涵以 24 个字表述出来，即"爱岗敬业、争创一流、艰苦奋斗、勇于创新、淡泊名利、甘于奉献"。简短的 24 个字却将劳模精神的内涵较为全面地进行了阐释，爱岗敬业体现了为国为民的主人翁精神；淡泊名利、甘于奉献体现了劳动模范们不计回报的"老黄牛"精神；勇于创新、艰苦奋斗沿袭了改革开放以来的开拓精神。对劳模精神本质内涵全面的总结，也反映了社会主义事业建设的全面开花和对马克思主义劳动价值论认识的深化。2005 年的全国劳模评选中，30 多名私营企业家和 23 名农民工的名字第一次出现在名单中，当时，流动务工人口已超过我国总人口的十分之一，达到 1.4 亿，农民工劳模的出现充分显示了国家对农民工这个新兴社会群体的重视。

同时，知识型、创新型人才，新型技工的比例在每年劳模评选中都在提高。劳模的评选与表彰伴随着国家成长的脚步，也伴随着中国经济社会发展的脚步。虽然劳模结构在变化，但从一线来、从基层来这一特征始终没有改变。每年的评选中，都绝对保证一线工人和技术人员、农民工等普通劳动者的数量。随着社会分工的不断细化，新行业、新业态不断萌生，越来越多的新兴行业人才出现，2015 年的劳模中，理财规划师、农艺师等新职业、新称谓的出现，让人耳目一新。

2．21 世纪以来劳动模范典型代表

许振超：当代工人的楷模

他是一位普普通通的工人，只有初中文化，却靠着刻苦钻研技术，干一行、爱一行、精

一行，从一名码头工人成长为"学习型、知识型、创新型"的当代产业工人的杰出代表，带领团队先后 8 次刷新集装箱装卸世界纪录，创造了享誉全球的"振超效率"。他就是许振超。

1950 年 1 月 8 日，许振超出生在一个贫穷的工人家庭。1968 年，只上了一年半初中的他，成为一名普通工人。1974 年，许振超进入青岛港，与码头结缘。1994 年加入中国共产党。许振超犹记得入行时亲朋好友送给自己的一句话："好好干，当一个好工人！"这成了他几十年来追求、奋斗的目标。

1984 年，青岛港组建集装箱公司，许振超被选为第一批桥吊司机。第一次接触这种高技术含量设备，面对二三百页的手册、密密麻麻的外文，许振超感到了压力。他买了一本英汉词典，挨个查询单词，把单词抄在本子上随身携带，有空就反复背、反复练，很快成了业务骨干。

正当许振超准备大干一番时，却发生了一件让他刻骨铭心的事。1990 年，一台桥吊控制系统出现故障，请外国工程师维修，高达 4.3 万元的维修费让许振超震惊了。当许振超试着向外国专家请教时，人家却耸耸肩，不屑一顾。许振超被深深刺痛了，他发誓："一定要争口气，学会自己修桥吊。"为了攻克这门技术，许振超着魔似地钻研。一块书本大的控制系统模板，一面是密密麻麻上千个电子元件；另一面是弯弯曲曲的印刷电路，为了分辨细如发丝、若隐若现的线路，许振超用玻璃专门制作了一个简易支架，将模板放在玻璃上，下面安上 100 瓦的灯泡，通过强光使模板上隐身的线路显现出来，再一笔一笔绘制成图。许振超前前后后用了整整 4 年时间，一共倒推了不同型号的 12 块电路模板，绘制的电路图纸有两尺多厚。凭着这股劲儿，他逐步掌握了各类桥吊技术参数和设备性能，不仅能排除一般的机械故障，还能修复精密部件。这套模板图纸后来成为桥吊司机的技术手册，成了青岛港集装箱桥吊排障、提效的"利器"。

许振超不仅自己练就了"一钩准""一钩净""无声响操作"等基本功，还带出了"王啸飞燕""显新穿针""刘洋神绳"等一大批工人品牌。他经常语重心长地对大家说："咱码头工人要把脊梁挺起来做人，要在岗位上站得住。""许振超技能大师工作室"获得人力资源和社会保障部批准之后，许振超对打造工匠精神更加关注，他带领团队围绕码头安全生产需求，开展科技攻关，推进互联网战略，持续破解安全生产难题。完成了"集装箱岸边智能操作系统"，在世界上率先实现"桥板头无人"，解决了集装箱桥板头作业人机交叉的风险问题。他带领团队打造的"48 小时泊位预报、24 小时确报"服务品牌，每年为公司节约燃油 1.26 万吨，成为青岛港的又一金字招牌。

许振超说："我靠的就是永不满足的拼劲和学习上不服输的韧劲，只有这样，才能把自己锤炼成'能工巧匠'。"从业几十年，许振超始终践行着执着专注、精益求精、一丝不苟、追求卓越的工匠精神，在平凡的岗位上做出不平凡的业绩。他从未忘记过自己是一名工人，一定要"当一个好工人"，这就是许振超对工匠精神最朴素而深刻的诠释。

宋学文：把收寄快递做成"学问"

宋学文，男，1982 年出生于内蒙古自治区赤峰市，中共党员，2011 年加入京东物流。

宋学文在平凡的岗位上用心服务每一位客户。在一个下雨天，一位客户非常着急，因为要参加会议需要半小时内把货物送到。不巧的是，那天来货特别多，站点堆得满满当当，要从中找到这位客户的货物非常困难。宋学文没有抱怨，一件件翻找着，硬是从 2000 多件货品中找到了客户的货物。

　　"干一行爱一行，就是要不忘初心，时刻保持对工作的热心，在最平凡的岗位上把自己的价值发挥到极致。"这是宋学文对快递员工作的理解，他靠着独创的配送方式，记住了上百家公司的情况，中关村附近公司密集，哪家公司搬走了，又新来了哪家公司，他都了如指掌。把客户的需求当成最大的工作目标，这就是宋学文的"方法论"。疫情期间，他带领大家听令而动，坚守岗位，不计酬劳。为确保配送员自身安全，提前为大家准备防护用品并及时对配送员进行督导，为车厢消毒。周围营业部需要支援，他及时调配，第一时间赶去协助。

　　2017年，宋学文获得"全国五一劳动奖章"，这是全国电商企业配送员第一次获此殊荣；2018年，他获评全国"最美快递员"荣誉称号；2019年10月1日，他骑上电动车，背上快递箱，在70年大阅兵"美好生活"方阵中，充满骄傲和自信地骑过天安门。2020年，他获得"全国劳动模范"。宋学文在京东物流工作的近10年时间里，行走超过32万公里，配送30万件包裹，零误差、无投诉、无安全事故，在平凡岗位上十年如一日，把每天的寄送快递做成了一门"学问"，用"有速度更有温度"的服务初心，赢得了所有他服务的消费者的尊重。

　　3. 21世纪以来劳模精神的特点

　　"爱岗敬业、争创一流、艰苦奋斗、勇于创新、淡泊名利、甘于奉献"，这是21世纪初期对劳模精神的高度概括。新时代，在人工智能的大环境趋势下，劳动工具智能化和自动化水平不断提升，机器在一定程度上可以执行指令、处理基础信息，也可实现人机互动，其方便快捷的属性使得人工智能在人们日常工作生活中的比重增大。从而，新时代的劳动模范，在继承以往阶段劳模们的辛勤、诚实等优秀劳动品质以外，还发挥了创新创造的时代优势，其劳动方式则更多地转变为创造性劳动、管理劳动，在脑力劳动与体力劳动的统一中为国家繁荣富强做出突出贡献。

　　企业家精神的"创新创业内核"与工匠精神的"精益求精的要求"正是适应新时代社会主义建设对劳模精神内涵的延伸及补充。那么，工匠精神、企业家精神也成为新时代劳模精神新的时代内涵，代表了精益求精及创新创业在价值创造中起到的重要作用，各种生产要素也参与到价值的创造中，并取得了巨大的经济效益。

　　2020年11月24日，全国劳动模范和先进工作者表彰大会在北京人民大会堂隆重举行。劳模精神、劳动精神、工匠精神是以爱国主义为核心的民族精神和以改革创新为核心的时代精神的生动体现，是鼓舞全党全国各族人民风雨无阻、勇敢前进的强大精神动力。要"激励全党全国各族人民弘扬劳模精神"，使劳模精神在新时代不断发扬光大。劳模精神的内涵更加丰富，但劳模精神的本质没有变化。劳模是一个时代的风向标。劳动光荣、知识崇高、人才宝贵、创造伟大，无论时代如何变迁，这些本质要素都是劳模精神不变的精髓，也是时代精神永恒的内涵。

劳模故事

袁隆平：一粒种子改变世界

　　2019年，在庆祝中华人民共和国成立70周年之际，国家授予42人国家勋章、国家荣誉称号。值得注意的是，8位"共和国勋章"获得者中，有唯一一位无党派人士，就是一生致力于杂交水稻技术研究的袁隆平。

　　"手中有粮，心中不慌"。由于人多地少、人口增长及耕地消耗等原因，在一段较长的时期里，中国的粮食问题曾引起国际社会关注。

对此，中国人、中国农业已给出出色答卷。这当中，中国工程院院士袁隆平不断探索、突破"杂交水稻"这道题。

"跳农门"，中国人的饭碗要拿在自己手里

1949 年中华人民共和国成立，袁隆平 19 岁，高中毕业，即将报考大学。他面临人生第一次重大选择。报考哪一所大学呢？这个问题成了全家争论的焦点。父亲袁兴烈希望袁隆平报考南京的重点大学，日后学成，走"学而优则仕"的道路。袁隆平却有自己的见解。他说服父母，义无返顾地报考了重庆相辉学院农学系，高高兴兴地跳进"农门"。

1953 年 8 月，袁隆平大学毕业，成为中华人民共和国培养的第一批大学生。到湖南省农业厅报到后，他坐着烧木炭的汽车，又换马车，一路颠簸，足足走了四天，才来到距离黔阳县城安江镇 4 公里的安江农业学校当老师。袁隆平到安江农校报到这年，广袤的中国大地上，农村正在发生翻天覆地的变化。1953 年初，全国性的土地改革刚刚完成，农民获得土地，真正实现了"耕者有其田"。但是，饥饿的魔咒还没有远离。和经历过那个年代的人一样，袁隆平至今对饥饿记忆犹新。

袁隆平说："像我们这样的年纪，经过三年困难时期，没有饭吃，日子是真难过啊，要饿死人的！特别是我们国家，人口这么多，人均耕地这么少，粮食安全是特别重要。中国人的饭碗要拿到自己手里面，不要靠人家。我们现在就是为自己解决粮食问题，我们在奋斗。"

"追"良种，寻得"野败"，杂交水稻终有新突破

1961 年 7 月的一天，和往常一样，袁隆平行走在稻田里。这时，一株特殊的水稻引起了他的注意。

袁隆平回忆，"突然发现有一株鹤立鸡群的稻，长得特别好，穗子很大，很整齐，籽粒很饱满，我很高兴喽。当时估计这个品种可以产一千斤。第二年我把它播下去，播了一千株，很好地管理，天天到田里面去观察，望品种成龙。结果一抽穗，大失所望，高的高，矮的矮，早的早，迟的迟，没有一株有它的老子那么好。"

在湖南安江农校做教师的袁隆平，发现了一株鹤立鸡群的稻子。望着高矮不齐的稻株，袁隆平突然来了灵感：莫非自己找到的是一株天然杂交稻？如果真的如此，可以通过人工方法利用杂种优势，培养杂交水稻。

他勾腰驼背埋在稻田里，检查了几十万株稻穗，终于在 1964 年和 1965 年找到了六株雄性不育株。

此时，他只是一名普通的中等农校的教师，他的研究一开始并不被看好，因为国际权威科学家普遍认为，水稻等自花授粉作物没有杂种优势。

袁隆平："很多人反对。当时流行的水稻是没有杂种优势的，压力很大。我们就做了一个实验，面积不小呢，有四分田，长得特别好。最后收获、验收时，糟糕，稻谷产量减产，大概减产了 3%，减产了几十斤。稻草增产了将近 70%。后来人家讲风凉话，'可惜人不吃草啊，人要是吃草，你这个杂交稻就大有发展前途'。"

试验失败，但袁隆平没有放弃，他调整实验，坚持研究杂交稻。他像"追着太阳的候鸟"一样，不辞辛劳地在湖南、云南、海南、广东等地辗转研究。1970 年，他的学生在海南南红农场沼泽中发现一株花粉败育的雄性不育野生稻，袁隆平将它命名为"野败"。杂交水稻研究从此打开了突破口。

稻田里的"守望者","我一直有两个梦想"

1971 年到 1972 年，全国十多个省（区、市）的科研人员齐聚海南，袁隆平慷慨地将"野败"分送给大家，形成了一场以"野败"为主要材料培育三系的全国攻关大会战。1973 年，在第二次全国杂交水稻科研协作会上，袁隆平正式宣布籼型杂交水稻三系配套成功，标志着我国水稻杂交优势利用研究取得重大突破。

经过十年攻关，袁隆平于 1973 年成功培育籼型杂交水稻。

袁隆平常和人说起他做过的两个梦。他说，"我有两个梦，一个梦就是高产、更高产，就是'禾下乘凉梦'，这是真正做到的梦，在我们高产杂交稻穗下乘凉。第二个梦就是杂交稻覆盖全球梦，走出国门，让杂交稻为世界的粮食安全和世界和平做出贡献。现在还只有几百万公顷，要做到八千万公顷。"

下田的"90 后"，电脑里长不出水稻

90 岁高龄的袁隆平，尽管身体大不如前，却依然"管不住"他那双迈向稻田的腿，"收不住"他那颗向着水稻的心。

袁隆平笑着说，"累肯定是累的。但是一到了我们超级稻的田里面，我就兴奋起来了，就不累了。不亲自下田不行的，不能隔靴搔痒啊！必须要到现场亲自看。我培养研究生啊，因为是搞水稻的，我第一个要求你要下田，不下田，我就不培养。我说电脑很重要，但是电脑里面长不出水稻；书本知识也很重要，书本里面长不出水稻。你必须到田里面，才能种出水稻出来。"

名人名言

劳动之美，在于它的朴实无华，却孕育着无尽的奇迹。

——恩格斯

知识拓展

如何成为劳模？

"爱岗敬业、争创一流，艰苦奋斗、勇于创新，淡泊名利、甘于奉献"，这是劳模精神，也是成为劳模的必备条件。如今，我国经济已进入高质量发展阶段，需要更多知识型、技能型、创新型劳动者，只要有想法、肯干事、敢创新，任何人都有机会成为劳模。

耕 读 实 践 篇

篇·章·导·读

　　进入新时代，耕读教育已超越了单纯的"昼耕夜读"与"晴耕雨读"的诗意生活，也超越了简单的"面朝黄土背朝天"的劳动方式。它更多地融合了劳动与学习、理论与实际，成为一种全新的教育实践。在耕读实践中，人们不仅磨砺了劳动技能与生活能力，还通过研读经典与传统文化，承袭了中华民族的优秀遗产。耕读实践让教育不再局限于书本与黑板，而是鼓励学生走出教室，深入社会，参与农村、实践基地和生产一线的见习与实习，涵养学生勤俭、奋斗、创新和奉献的劳动精神，增强服务"三农"和推进农业农村现代化的使命感与责任感，更提升在"希望的田野"干事创业的能力。

模块一

"耕读教育"劳动实践

前言导读

中华民族伟大复兴呼唤着我们构建一支知识型、技能型、创新型的劳动者队伍。我们要大力弘扬劳模精神、劳动精神和工匠精神，积极营造劳动光荣的社会氛围，并倡导精益求精的职业态度。通过劳动教育与实践，深化对马克思主义劳动观的理解。我们要坚定信念，认为劳动是最光荣、最崇高、最伟大、最美丽的，崇尚劳动、尊重劳动。

知识导航

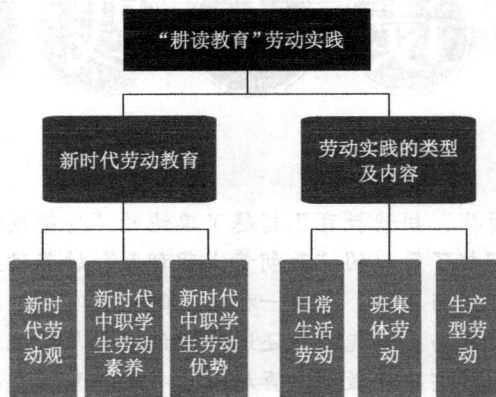

主体内容

新时代劳动教育

（一）新时代劳动观

中华文明深植于农耕文明，勤劳与创造力是中华民族最为鲜明的伟大品格。在 2022 年北京冬奥会开幕式上，二十四节气倒计时的独特设计惊艳了全球观众，搭配脍炙人口的古诗词，将中华文明中蕴含的"劳动美"传递给了世界。

当前，高新科技和产业变革极大地提升了社会劳动生产力，并深刻改变了劳动的形态。劳动不再以体力生产为主，而是向脑力劳动、消费性劳动、创造性劳动等新型劳动形态发展。新时代劳动观，即在新时代背景下，人们对劳动的价值、地位和作用的新认识。它强调劳动不仅是创造社会财富、推动社会进步的根本力量，更是实现个人价值和社会价值的关键途径。

1. 新时代劳动观的内涵

劳动的崇高性：新时代劳动观认为，劳动是光荣的、崇高的，无论是体力劳动还是脑力劳动，都应该得到尊重和肯定。劳动者是社会进步的推动者，他们的辛勤付出为社会发展奠定了坚实基础。

劳动的平等性：在新时代劳动观下，各种形式的劳动都应该得到平等对待。不论职业、岗位、学历等因素，只要是为社会作出贡献的劳动，都应该受到社会的认可和尊重。

劳动的创新性：新时代劳动观强调创新在劳动中的重要作用。劳动者应该具备创新意识，通过技术创新、管理创新等方式，提高工作效率，推动社会进步。

2．新时代劳动观的实践价值

新时代劳动观不仅具有深刻的理论内涵，更具有重要的实践价值。它对于推动社会进步、促进个人成长具有积极作用。

推动社会进步：新时代劳动观鼓励广大劳动者积极投身社会建设，通过辛勤劳动创造更多的社会财富。这有助于推动社会经济的发展，提高人民生活水平，实现国家的繁荣富强。

促进个人成长：新时代劳动观强调劳动是实现个人价值的重要途径。通过劳动，人们可以锻炼自己的意志品质，提高自己的技能水平，实现个人成长和进步。同时，劳动也是实现自我价值的重要手段，通过劳动成果的展示，人们可以获得成就感和满足感。

塑造良好社会风尚：新时代劳动观的普及和实践，有助于塑造尊重劳动、崇尚劳动的良好社会风尚。这有利于提升社会整体道德水平，增强社会凝聚力和向心力，为构建和谐社会奠定坚实基础。

（二）新时代中职学生劳动素养

在新时代的背景下，对中职学生的劳动素养有着明确且高标准的要求。学生应当建立起正向的劳动观念，对劳动充满敬意与尊崇，深刻理解并尊重劳动的价值，深化对劳动人民的深厚情感，以报效祖国、服务社会为己任。同时，学生应具备新时代的劳动精神，怀揣强烈的职业自豪感，拥有追求卓越、精益求精的工匠心态，以及对职业的热爱与敬重。此外，学生还应具备创新性的劳动能力，掌握基础的劳动技能与知识，能够熟练运用各种劳动工具，进而提升自身体力和智力。更为重要的是，学生应养成良好的劳动习惯，努力成为具备社会主义觉悟、文化素养的劳动者，为社会的进步和发展贡献自己的力量。

1．树立正确的劳动观念

劳动是人类社会进步的基石，是创造物质财富和精神财富的重要手段。树立正确的劳动观念首先要认识劳动的价值。劳动不仅为中职学生提供了生活所需的物质条件，更塑造了优秀的品格和精神风貌。学生应该认识到，劳动是每个人应尽的责任和义务，是体现个人价值和社会地位的重要方式。其次，要尊重劳动成果。无论是自己辛勤劳动的成果还是他人的劳动成果，学生都应该给予充分的尊重和认可。这既是对劳动者辛勤付出的肯定，也是对社会公平正义的维护。中职学生应该珍惜每一份劳动成果，不浪费资源，不轻视他人的劳动价值。最后，要积极倡导劳动精神。劳动精神包括勤奋、敬业、创新、协作等方面，是劳动者在劳动过程中形成的优秀品质和精神风貌。让劳动精神在一代又一代青少年身上发扬光大。

2．具有创造性劳动能力

创造性劳动能力，是指个体在劳动过程中，通过独特的思维方式和创新手段，创造出具有新颖性、实用性和价值性的劳动成果的能力。这种能力不仅是推动社会进步的重要动力，更是个人实现自我价值的关键所在。在人类历史长河中，每一次科技革命、文化繁荣都离不开创造性劳动的推动。正是这些创造性劳动成果，让我们的生活变得更加便捷、舒适，让我们的社会变得更加文明、进步。

3. 养成良好的劳动习惯

良好的劳动习惯，如同树木之根，为个体的成长和社会的繁荣提供源源不断的动力。养成良好的劳动习惯有助于培养我们的责任感和自律性。每一滴汗水都是对生命的敬畏，每一次劳动都是对责任的担当。当我们习惯于按时完成工作与学习任务，乐于参与集体劳动，我们就能够在劳动中体验到成就感和满足感，从而更加珍惜生活的每一刻。作为新时代中职学生，未来职场的新星，应自发自愿、以高度的责任感、严谨的安全规范、持之以恒地投身于劳动之中，塑造出诚实可靠、勤劳坚韧的品格。应从日常生活的细微之处入手，逐步培养起优秀的劳动习惯。

（三）新时代中职学生劳动优势

中职学生要挖掘并利用自身的劳动潜能，关键在于对自身有准确的认识，定位好自己的角色，并且持续增强个人的职业技能。只有通过持之以恒的学习，学生才能成为具备高度专业素养的劳动者，有效发挥个人的长处，跟上社会发展的步伐，为社会贡献自己的力量。

1. 技能优势

职业教育格外强调实践操作的环节，因此中职学生在校期间往往有机会接触到实际的工作环境，并积累一定的实践经验。这些在实践中不断磨砺和提升的技能，正是中职学生的一大优势，使他们能够更快速地融入职场，高效地完成工作任务。在职场中，他们所展现出的专业技能往往能得到更多的赞誉，从而更容易获得职业晋升的机会。

对于新时代的中职学生来说，他们可以通过以下途径进一步强化自己的技能优势。

首先，积极参与实践活动。通过参与实践，中职学生能够将所学知识与实际工作相结合，不断在实践中锤炼专业技能，为未来的职业生涯打下坚实的基础。

其次，踊跃参加技能竞赛。各类技能比赛不仅为中职学生提供了一个展示才华的平台，还能通过竞赛的形式提升技能水平和竞争能力。在比赛中，他们可以认识到自身的不足，了解行业的最新动态，掌握先进的技术标准。

最后，主动参加职业技能培训。通过参加职业培训，中职学生可以不断更新自己的知识体系，提升实践操作能力，以适应市场需求和技术变革。这有助于在职场中保持竞争力，拓宽职业发展道路。

2. 创新优势

新时代的中职学生，无疑是成长在了一个充满无限机遇的时代，心怀远志，满怀理想，充满好奇与创新的渴望。这种创新精神，正是中职学生的一大亮点和优势所在。为了在新时代中进一步放大这一优势，中职学生可以从以下几个方面着手。

首先，积极汲取新知。随着科技的日新月异和市场的不断变化，中职学生需要时刻保持学习的热情，不断掌握新的技能和知识。例如，深入研究计算机编程、机器人技术和3D打印等领域的前沿技术，有助于他们将创新思维付诸实践。

其次，大胆投身实践。创新不仅是头脑中的灵感闪现，更需要通过实践来检验和完善。因此，中职学生应积极投身于各类创新实践活动，如科技竞赛、创新项目研发等，通过实际操作来锻炼和提升创新能力。

再者，拥抱创新创业。在当今社会，创新创业已成为推动社会进步的重要力量。中职教育也愈发注重培养学生的创新意识和创业能力。中职学生应积极参与创新创业活动，如加入创业团队、参与创新项目的研发和推广等，通过实践来提升自己的创新能力和创业素养。

最后，培养跨界融合思维。在知识爆炸的时代，单一的专业知识已难以满足复杂问题的解决需求。因此，中职学生应学会将不同学科的知识和技能进行融合，形成跨界融合的创新思维。这样，他们就能更好地运用所学知识解决实际问题，创造出更具价值的新成果。

3. 活力优势

新时代的中职学生，正值青春年华，充满活力与朝气，他们敢于挑战，勇于拼搏，展现出了强大的社会适应能力。对于新事物、新观念，他们总是怀揣着开放与接纳的心态，追求潮流，对于自己所认准的事物，他们会怀揣激情去深入挖掘。这样的活力，正是中职学生的另一大优势。为了在新时代中进一步放大这一优势，中职学生可以从以下几个方面着手。

首先，积极积累实践经验。中职教育一直强调技能与实践的结合，而中职学生正值精力充沛、思维敏捷的年纪。充分利用学校提供的实训机会和实践活动，亲身投入其中，通过实践不断磨砺自己的技能，为未来的职业发展储备更多的实践经验。

其次，与社会保持紧密联系。中职学校与企业之间常常有紧密的合作关系，这为中职学生提供了一个了解社会的窗口。通过实习、参加社会活动等方式，深入社会，感受社会的脉搏，了解社会的最新动态。这样不仅可以拓展他们的社交圈子，还可以提升他们的综合素质，为将来的就业做好充分的准备。

总之，新时代的中职学生应充分发挥自己的活力优势，积极积累实践经验，与社会保持紧密联系，不断提升自己的综合素质和能力，为未来的职业道路打下坚实的基础。

劳动实践的类型及内容

（一）日常生活劳动

日常生活劳动，简而言之，是指人们在日常生活中进行的、以满足基本生活需求为主要目标的劳动活动。这些活动包括但不限于家务劳动、个人生活自理、社区服务等。它们是人们生活的基石，是维持社会正常运转不可或缺的一部分。

从更广泛的角度来看，日常生活劳动还涉及与生活息息相关的各类职业劳动，如农民耕种、工匠制作、商贩经营等。这些劳动活动虽然形式各异，但都是为了满足人们的物质和文化需求，共同构成了丰富多彩的社会生活。

1. 日常生活劳动的分类

根据劳动服务对象的不同，日常生活劳动可分为自我服务劳动和家务劳动。

（1）自我服务劳动

自我服务劳动，即在日常生活中妥善照顾自己的行动，代表着个人的自主性和独立性，它涵盖了一系列与日常生活息息相关的基本技能。这些技能包括但不限于维护个人形象、维持个人卫生、管理个人内务、清洁餐具、整理私人物品，以及衣物的清洗、晾晒、折叠和修补等任务。无论未来从事何种职业，自我服务劳动都应当成为学生生活中不可或缺的一部分，形成一种自觉的习惯和应尽的义务。

在古代，像宋代大儒朱熹便强调，在蒙学阶段，儿童就应该开始学习如打扫、清洁等生活技能，以培养良好的生活习惯。而在现代教育体系中，培养学生的生活自理能力同样被看作是至关重要的。自我服务劳动不仅是其他类型劳动的基础，更为未来的生活和工作奠定了坚实的基础。

学生必须认识到，生活在社会中的每一个人，都需要掌握一定的自我服务劳动技能。这些技能的缺失，无疑会对个人的成长和发展产生极大的负面影响。例如，由于父母的过度溺爱，某些同学在成长过程中未能掌握基本的自我服务劳动技能，他们对父母产生过度的依赖，无法独立管理自己的生活。这种情况使得他们无法适应学校的学习和生活节奏，甚至面临退学的困境。

热爱劳动，首先要从个人生活自理开始。每个人都应该从小做起，从自己做起，从日常生活中的小事做起。在独立完成自己任务的同时，也应当学会为他人、为集体服务，从而逐渐培养社会责任感和适应能力。

无论民族、地区差异如何，掌握基本的生活自理和学习能力都应当是学生共同追求的目标。这类劳动项目不仅有助于养成良好的动手习惯，更能深刻体会到劳动的光荣和价值，为未来从事各类劳动打下坚实的基础。

此外，自我服务劳动也有助于学生更加独立、自主地规划自己的生活和职业生涯，能够更好地应对生活中遇到的各种挑战和困难。通过不断的实践和努力，可以逐渐提升自己的自我服务劳动能力，为自己的未来创造更加美好的前景。

（2）家务劳动

家务劳动，即家庭成员为顺应和满足家庭生活需求所承担的各项劳动任务。这些劳动涵盖了烹饪美食、保持家居清洁、清洗衣物等日常活动，它与自我服务劳动在某些方面有所重叠，但各有侧重。家务劳动的核心在于适应家庭生活的实际需求，通过实践培养家庭成员的责任感，为日后融入社会、参与更广泛的社会生活奠定坚实基础。

在新时代的背景下，职业教育的目标已经转变为培养全面发展的劳动者。对于中职学生而言，不仅需要适应社会发展的需要，更要具备实际操作能力和职业素养。在家务劳动中，中职学生应当树立正确的家庭观念，培养勤劳、节俭、诚信等优良品质，塑造独立自主、自立自强的人格特质。

针对新时代的中职学生，家务劳动提出了以下具体要求。

首先，要爱护家庭环境。中职学生应当珍视家庭生活的每一个角落，保持家庭的卫生与整洁。他们需要了解生活垃圾分类的重要性，学会正确的垃圾处理方法，确保家庭生活垃圾分类投放，积极树立环保意识。

其次，积极参与家务劳动。根据家庭成员的不同需求，中职学生应主动承担起家务劳动的责任，通过实践提升自己的动手能力和实际操作水平。

再者，学会生活管理。制定家庭日程表、规划家庭支出、管理家庭资产等生活管理技能，都是中职学生应当掌握的重要能力。这些技能不仅能够帮助更好地管理自己的生活，还能够培养规划意识和责任感。

最后，尊重家庭成员。中职学生应当尊重每一位家庭成员的付出和劳动成果，学会与家庭成员进行有效的沟通与交流。通过关心家庭成员的需求，积极帮助他们解决问题，不仅能够提升家庭成员的幸福感，还能够促进家庭关系的和谐与融洽。

2. 提高日常生活劳动技能

（1）提高自我服务劳动技能

提高自我服务劳动技能是提高生存能力、竞争能力和发展能力的基础。虽然随着年龄的增长，自我服务劳动技能（图 4-1-1）会有所提高，但自我服务劳动技能不是自发产生的，它需要有意识地加以培养。

图 4-1-1　自我服务劳动技能

请对照以下表格（表 4-1-1），评价一下自我服务劳动技能如何？

表 4-1-1　中职学生自我服务劳动技能对照表

序号	自我服务劳动现状	自我对照	
		符合	不符合
1	注意个人仪容仪表，讲究个人卫生，早晚刷牙，饭后漱口，勤洗澡、洗头，勤剪指甲		
2	自己的房间自己布置，使之整洁有序，格调健康向上，符合自己的年龄特点		
3	自己的物品自己收拾，衣柜、床铺、书架、书桌、抽屉等保持整洁		
4	勤换洗衣服，会自己洗涤、晾晒、叠放、缝补自己的衣物、书包等，并将其摆放整齐，使之收取方便		
5	会自己制作简单的家庭餐，解决自己的饮食问题，餐后自己清洗餐具		
6	具有一般的购物知识，能在家长的指点下购买学习用品和一般的生活用品		
7	自己规划生活作息，合理安排课余时间，定期锻炼		
8	自己管理自己的钱财，如规划好生活费、零花钱的使用		
9	不依赖父母，上学、放学不要父母接送，能独立乘车、骑车往返，能注意安全		
10	自己整理学习用书和学习工具，保证每天学习需要		

中职学生自我服务劳动有一定的要求，上述表格中，如果你能做到 6 项及以上，说明你的自我服务劳动技能是合格的，再接再厉；如果不能做到 6 项，说明你的自我服务劳动技能不足，需要不断地学习提高。

（2）提高家务劳动技能

①学会烹饪

学会烹饪，并非一蹴而就的事情，而是一场持久的学习与实践之旅。烹饪之道，首先在于心。烹饪不仅仅是对食材的加工处理，更是一种对生活的热爱和尊重。一个真正懂得烹饪的人，会用心去感受食材的质地、味道和营养，用心去调配佐料，用心去掌握火候。只有这样，才能烹饪出令人回味无穷的佳肴。

烹饪之道的第二个关键在于技。技巧的掌握是烹饪的基础。从切菜的刀法到火候的掌控，从食材的搭配到佐料的运用，每一个细节都需要不断练习和摸索。在这个过程中，需要耐心和毅力，不怕失败，勇于尝试。只有这样，才能在烹饪美食的道路上越走越远，逐渐掌握这门技艺。

然而，仅有心和技还不够，烹饪之道的第三个要素在于创。创新是烹饪的灵魂。在掌握了一定的基础技巧后，应该敢于尝试新的食材、新的烹饪方法和新的口味搭配。创新不仅能让菜肴更加丰富多彩，更能在烹饪的过程中不断发现新的乐趣和惊喜。

②学会家居保洁

家居保洁，看似琐碎的日常劳作，实则蕴含着深厚的生活智慧。学会家居保洁，不仅是让居住环境焕然一新，更是对生活质量的一种提升。

请按以下步骤进行家居保洁。

- 整理场地：把影响清洁工作的家具和物品集中分类，妥善放置到恰当的位置。完成垃圾清扫后，将其移至户外或丢入室内垃圾桶。
- 墙面除尘：利用鸡毛掸或干燥的清洁布拂去墙面上的尘埃。
- 窗框清洁：首先用湿布擦拭，然后去除多余物，最后用干净的清洁布擦拭干净。
- 窗户玻璃清洁：可以使用擦窗器，也可以采用水刮法或搓纸法。
- 窗槽与窗台清洁：首先使用吸尘器吸走窗槽内的污垢，对于难以吸走的污物，使用铲刀或平口工具配合湿润的清洁布进行清理，之后将窗台擦拭干净。
- 纱窗清洁：拆下纱窗后，先用水冲洗纱网，再清洁纱窗窗框，晾干后重新安装回原位。
- 卧室、客厅、餐厅、书房、阳台清洁：主要对地面、墙面等进行清洁，同时不忽略细节处，如开关、插座、供暖设备、家具的表面。
- 厨房清洁：按顺序清洁顶面、墙面、橱柜内部、橱柜外部、台面、地面。
- 卫生间清洁：按顺序清洁顶面、附属设施、墙面、台面、洁具。
- 踢脚线清洁：对踢脚线上沿进行吸尘，然后擦拭干净。
- 门体清洁：依次清洁门头、门套、门框、门扇、门锁。

③学会洗涤衣物

在日常生活中，洗涤衣物是一项必不可少的家务活动。掌握正确的洗涤方法不仅可以延长衣物的使用期限，还能让衣物保持如新的外观。

洗涤衣物时，首先需要根据衣物的材质、颜色、污渍程度等因素进行分类。对于易褪色或易掉色的衣物，建议单独洗涤；对于不同材质的衣物，也应选择相应的洗涤方式和洗涤剂。例如，棉质衣物可以选择较为温和的洗涤剂，而丝绸等贵重材质则需要使用专用洗涤剂。此外，深色和浅色衣物也应分开洗涤，以免互相染色。

洗涤衣物时，应按照以下步骤进行：首先，将衣物放入洗涤盆中，加入适量的洗涤剂和水；然后，用手或洗衣机轻轻搅拌衣物，使洗涤剂充分渗透衣物纤维；接着，将衣物浸泡一段时间，让洗涤剂充分分解污渍；最后，用清水将衣物冲洗干净，直至无洗涤剂残留。

（二）班集体劳动

班集体劳动，顾名思义，是指班级成员共同参与的劳动活动。它不仅是学校生活中的一道亮丽风景线，更是培养学生团结协作精神的重要途径。在集体劳动中，学生学会了分工合作，共同完成任务，这种经历让学生在未来的生活中更加从容面对挑战。同时，班集体劳动还有助于培养学生的责任感，让学生明白自己的付出对于集体的重要性。

1. 班集体劳动的价值体现

第一，班集体劳动有助于培养学生的团队协作精神。在集体劳动中，学生需要相互协作，共同完成任务。这种协作不仅锻炼了学生的沟通能力，还让学生学会了如何在团队中发挥自己的优势。比如，在清扫校园的过程中，有的同学擅长扫地，有的同学擅长擦窗户，大家各尽其能，共同为校园的整洁美丽贡献力量。这种经历让学生深刻体会到团队协作的力量，也让学生在未来的生活和工作中更加懂得如何与人合作。

第二，班集体劳动能够增强学生的责任感。在劳动过程中，每个学生都承担着一定的任务，他们需要对自己的工作负责。这种责任感不仅体现在劳动成果上，更体现在学生对待劳动的态度上。只有每个人都尽心尽力，才能共同创造一个美好的集体环境。这种责任感的培养，对学生的成长具有深远的影响，让学生在未来的生活中更加有担当。

第三，班集体劳动有助于培养学生的劳动习惯。在集体劳动中，学生学会了如何尊重劳动、热爱劳动。劳动是创造价值的过程，也是实现自我价值的途径。通过参与班集体劳动，学生逐渐养成了良好的劳动习惯，这种习惯将伴随一生，成为追求美好生活的动力源泉。

2. 班集体劳动的实践形式

（1）校园清洁与绿化

校园清洁与绿化是班集体劳动中最常见的形式之一。通过组织学生参与校园环境的整治与美化，不仅能够提升学生的环保意识，还能培养劳动习惯与责任感。

在实际操作中，班级可以划分为若干小组，每个小组负责不同的清洁区域或绿化项目。例如，有的小组负责清扫教室、走廊和操场，有的小组则负责浇花、修剪草坪和种植树木。通过分工合作，学生能够共同完成校园环境的整治工作，体验到劳动的乐趣与成就感。

（2）班级文化建设

班级文化建设是班集体劳动中的另一重要形式。通过共同创造和维护班级文化，学生能够增强对班级的归属感和荣誉感，形成积极向上的班级氛围。

在班级文化建设中，学生可以参与班级墙报的设计、班级标志的制作、班级规章制度的制定等活动。这些活动不仅能够锻炼学生的创造力和动手能力，还能够培养团队协作精神和集体荣誉感。

（3）社会实践活动

社会实践活动是班集体劳动中更具挑战性和实践性的形式。通过参与社会实践活动，学生能够走出校园，接触社会，了解社会，锻炼自己的实践能力和社会责任感。

（三）生产型劳动

生产型劳动旨在通过实际劳动参与社会生产，为社会创造价值，同时培养学生的劳动观念、技能和习惯，促进学生全面发展。这种教育方式不仅有助于提升学生的动手能力和实践能力，还有助于培养学生的劳动意识、社会责任感及团队合作精神。

学生在参与生产劳动的过程中，可以深刻体会到劳动的辛苦和价值，增强对劳动的尊重和理解，从而培养正确的劳动态度和意识。例如，在农田收割劳动中，学生通过亲自操作镰刀，能够体验到农民辛勤劳动的艰辛，更加珍惜粮食，增强对农民的敬意。

此外，生产劳动还可以锻炼学生的动手能力和实践能力，提高解决实际问题的能力。比如，在植树活动中，学生需要学习植树的技巧，并与同学一起合作完成埋树苗、浇水等任务，这不仅能够提高动手能力，还能够培养团队合作精神和沟通协调能力。

耕读故事

开展劳动教育实践，培养中小学生劳动精神
——广西钦州农业学校开展劳动教育纪实

广西钦州农业学校凭着九十年的办学历史底蕴和农校姓"农"的办学特色，着力打造农业类专业实训基地建设，先后荣获了自治区和全国级别的科普教育基地，并先后于2021年和2022年被广西壮族自治区教育厅认定为自治区级中小学生研学实践教育基地和自治区中小学劳动教育实践基地。

为深入贯彻落实中共中央、国务院印发《关于全面加强新时代大中小学劳动教育的意见》的通知精神，贯彻落实党的二十大精神和党的教育方针，落实立德树人根本任务，切实提升育人水平，促进德育和劳动教育的有效实施。学校积极发挥自治区中小学劳动教育实践基地的作用，全面启动春耕劳动教育实践活动，轻劳动和重劳动相结合，以课程为依托，充分挖掘学校自身资源优势，盘活利用好校内空地资源，划分出宠物饲养区、面点制作区、压花艺术区、蔬菜区、瓜果区、昆虫馆，为学生提供劳作空间，努力打造示范性劳动教育实践基地。

纸上得来终觉浅，绝知此事要躬行。根据钦州市教育行政部门相关文件，广西钦州农业学校以劳动实践基地为阵地，以学生的实践体验为基本形式，接纳中小学生进校接受劳动教育，钦州市第三中学（初中部）、钦州市实验小学每周到学校开展劳动教育课共计250人次，他们分年级、分批次到劳动教育实践基地，用心播下希望的种子，进行了农作物、果蔬种植、面点制作、压花制作及观察实践等活动，展现了一幅热火朝天的劳动场面。将学科知识与劳动教育深度融合，促进了学生全面发展，一起践行劳动最光荣，劳动创造幸福。通过劳动实践，从小培养学生"躬耕田野"的劳动精神，感受劳动的快乐和艰辛，促进"五育"融合。

"职"享美好生活 春耕播种正当时——广西钦州农业学校
开展劳动教育系列活动

阳和启蛰，品物皆春，万物生机盎然，正是农忙好时节。为全面贯彻党的教育方针，落实"立德树人"根本任务，大力弘扬劳动光荣、劳动崇高、劳动伟大的时代主旋律，积极探索劳动教育与德育、智育、体育、美育相融合的开放式劳动教育实践活动，2023年4月4日，学校在教学农田开展学生劳动实践教育活动，全校300余名师生参与了此次活动。他们走出教室，走进农田，感受"手把青秧插满田，低头便见水中天"的意境，在真实的劳动实践中掌握了劳动技能，感悟了劳动意义，收获了劳动成果，还感受了劳动给人带来的无限快乐。

半个月前，同学们在老师的指导下，使用劳动工具对每块农田翻地松土、清除杂草、划沟、平整土地，同学们相互协作、分工明确、井然有序，功夫不负有心人，在大家的齐心协力下，杂草丛生的农田焕然一新。

"一插一种，埋下期许；一抛一投，播撒希望。"当日上午，同学们在老师的带领下在农田里抛秧插秧、播种希望，一片繁忙景象。在一次又一次的弯腰中，在一滴又一滴的汗水中，大家不仅体会到了耕种的艰辛，也明白了每一份收获的来之不易，虽然辛苦，但大家的脸上始终洋溢着灿烂的笑容。

学校利用得天独厚的校园环境优势，致力于传承和弘扬中华优秀传统文化，倡导弘扬劳动精神，教育引导师生崇尚劳动、尊重劳动，懂得劳动最光荣、劳动最崇高、劳动最伟大、劳动最美丽的道理。学校将耕读教育、劳动教育和思政教育有机融入课堂教学活动，组织劳动实践活动，让学生"弯下腰、使出劲、流出汗"，亲身体会劳动的艰辛与快乐。学校带领学生走出教室，了解耕读文化，开展耕读活动，学习耕读知识，通过参与犁田、插秧等农耕劳动实践活动，把"粮心"植入学生心田。

此次春耕活动，学校积极提升了社会实践育人实效，在实践活动中提高保护环境、热爱劳动、珍惜粮食的意识，同时也锻炼了坚韧不拔的团队意志和团队协作精神，勉励同学们传承和弘扬好党的光荣传统和优良作风。

名人名言

在劳动中寻觅快乐，是生活最纯粹的馈赠。

——高尔基

知识拓展

全国五一劳动奖

"全国五一劳动奖"包括"全国五一劳动奖章"和"全国五一劳动奖状"，是中华全国总工会授予在中国特色社会主义建设中作出突出贡献的劳动者和企事业单位、机关团体的光荣称号，是中国工人阶级最高奖项之一。

"全国五一劳动奖章"颁发对象包括工业交通、基础建设、农林水利、财贸金融、文化、教育、新闻、出版、政法、卫生、科研、体育等各行各业的劳动者。"全国五一劳动奖状"授予对象为在我国境内依法注册或登记的企事业单位、机关、社会组织及其他组织。

"全国五一劳动奖章"评选作为一项对全国劳动者进行褒奖的活动，其评选对象理应是所有为国家和经济建设作出贡献的劳动者，具备政治坚定、思想先进、道德高尚、作风务实、学习努力、爱岗敬业，勤俭节约、勇于创新、服务人民、奉献社会的精神，在工作岗位上取得突出业绩，为社会主义经济建设、政治建设、文化建设和社会建设作出突出贡献等基本条件。它不仅体现了社会对劳动者的充分肯定、认同，也使劳动者通过劳动充分实现自我价值，彰显劳动和劳动者的无上光荣。

主题实践活动——日常生活劳动技能竞赛活动

　　一、活动目标
　　为了培养学生们良好的日常生活劳动习惯，提高生活自理能力，同时丰富校园文化生活，学校决定举办一场日常生活劳动技能竞赛活动。
　　二、活动对象
　　本次活动面向全校学生。
　　三、竞赛内容
　　竞赛内容将围绕日常生活劳动技能展开，包括但不限于衣物整理、床铺整理、餐具清洗、烹饪等。形式分为初赛和决赛两个阶段。
　　四、活动时间与地点
　　具体比赛时间和场地安排将提前通知各班级。
　　五、活动组织与实施
　　本次活动将制定详细的比赛规则、评分标准及安全保障措施，确保活动公平、公正、安全有序进行。同时，各班级要积极配合，认真选拔参赛选手，做好赛前培训和准备工作。

模块二

"耕读教育"社会实践

前言导读

　　耕读教育社会实践是传承文化、培育新时代青年的重要途径。通过耕读教育社会实践，青年们不仅能够深入了解农耕文化，感受农耕的艰辛与快乐，还能够培养起对自然的敬畏之心和对生活的热爱之情。同时，耕读教育社会实践还能够促进青年们的身心健康发展，提高青年们综合素质和社会责任感。

知识导航

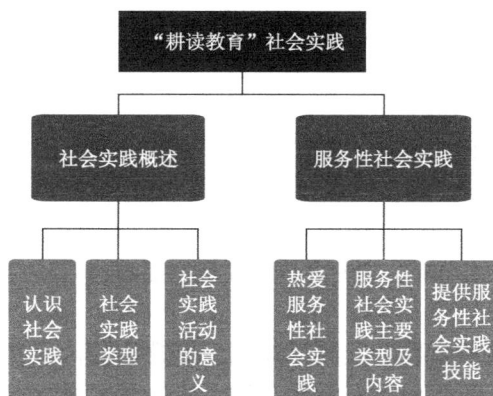

主体内容

社会实践概述

（一）认识社会实践

　　社会实践是指个体或团体通过参与社会活动，亲身体验社会现象，从而获得对社会的深入了解和认识的过程。这一过程不仅有助于个体积累社会经验，提升综合素质，还能推动社会的进步与发展。

　　社会实践，作为连接学校与社会的桥梁，为学生提供了一个亲身参与、深入体验的平台。它不仅是对课堂知识的补充和延伸，更是对学生综合素质提升的重要途径。通过社会实践，学生能够更好地理解社会、认识自我，实现全面成长。

　　社会实践是理论知识与实际相结合的重要途径。在校园里，学生通过课堂学习掌握了大量的理论知识，但这些知识往往停留在书本上，难以真正转化为实际能力。而社会实践则为学生提供了一个将理论知识应用于实际的机会，让他们在实践中深化对知识的理解，提升解决问题的能力。

社会实践的作用有以下三个方面。

1. 培养社会责任感与公民意识

参与社会实践，学生能够更深入地了解社会的运作机制和存在的问题，从而增强社会责任感。他们通过亲身参与社会公益事业、志愿服务等活动，为社会贡献自己的力量，同时也培养了公民意识，懂得如何作为一个负责任的公民参与社会建设。

2. 提升个人能力与综合素质

社会实践是锻炼学生个人能力、提升综合素质的绝佳舞台。在实践中，学生需要独立思考、解决问题、与他人合作，这些经历无疑会提升他们的创新思维、团队协作能力、沟通能力和组织能力。同时，社会实践还能够帮助学生培养自信心和勇气，让他们更加敢于面对挑战和困难。

3. 拓宽视野与职业规划

通过参与社会实践活动，学生能够接触到不同的行业和领域，了解不同职业的特点和要求，从而拓宽自己的视野。这有助于学生更好地认识自己的兴趣和优势，明确未来的职业方向。同时，社会实践还能够为学生提供宝贵的实习和就业机会，为他们的职业发展打下坚实基础。

（二）社会实践类型

社会实践的类型多种多样，涵盖了从个人成长到社会公益的各个方面。以下是一些常见的社会实践类型。

环保类：这类社会实践关注环境保护和可持续发展。具体活动包括"植树造林""清理公共设施""社区环保宣传"等，通过这些活动，参与者能够深入了解环保的重要性，并积极参与环保行动。

科普类：科普类社会实践旨在普及科学知识，提升公众科学素养。活动形式有"参观科研机构""科普讲座""动手制作科技小发明"等，使参与者能够近距离接触科学，体验科学的魅力。

爱心类：这类社会实践关注社会弱势群体，通过"帮扶老人""义捐灾区""募集贫困儿童"等活动，传递爱心和温暖，让参与者体验到帮助他人的快乐和满足感。

成长类：成长类社会实践注重个人能力和素质的提升。例如，"义务劳动""有偿打工""团队协作活动"等，这些活动能够让参与者锻炼自己的实践能力、团队协作能力，为未来的职业发展打下基础。

立志类：立志类社会实践旨在培养参与者的意志品质和团队精神。例如，"军训""拓展训练"等活动，通过严格的训练和挑战，让参与者锻炼意志，提升自我。

此外，还有一些其他类型的社会实践，如志愿服务、实习实践、公益活动和文化交流等。志愿服务涉及参与社区服务、慈善活动，帮助弱势群体等；实习实践则是通过在企事业单位、政府机构等机构实习，了解社会职业分工和组织运作；公益活动如环保活动、公益演出、慈善拍卖等，旨在提高社会责任感和公共意识；文化交流则涉及与不同文化背景的人进行交流，了解多元文化，提升跨文化沟通能力。

社会实践的类型丰富多样，每种类型都有其独特的教育意义和社会价值。通过参与这些实践活动，参与者可以更好地了解社会、锻炼能力、培养品质，为未来的发展打下坚实的基础。

（三）社会实践活动的意义

1．社会实践活动对个人成长的影响

社会实践活动作为连接课堂与社会的重要桥梁，对个人成长的影响深远而持久。

（1）提升个人综合素质

社会实践活动能够帮助学生将课堂上学到的理论知识应用于实际情境中，通过亲身参与和体验，提升解决实际问题的能力。在活动中，学生需要面对各种复杂情况做出判断和决策，这有助于培养他们的逻辑思维能力、沟通能力和团队协作能力。此外，社会实践活动还能锻炼学生的意志品质和心理素质，增强他们的自信心和责任感。

（2）增强社会适应能力

通过参与社会实践活动，学生有机会接触和了解社会的各个方面，从而增强对社会的认知和理解。他们可以在活动中结识来自不同背景的人，学会与不同的人交往和合作。这种跨文化的交流和互动有助于培养学生的包容心和开放心态，提高他们适应不同社会环境和文化的能力。

（3）培养创新精神和实践能力

社会实践活动鼓励学生发挥想象力和创造力，提出新的想法和解决方案。在实践中，学生需要不断尝试和探索，寻找最佳的方法和路径。这有助于培养学生的创新精神和实践能力，使他们能够在未来的学习和工作中不断追求卓越和创新。

2．社会实践活动对社会进步的作用

社会实践活动不仅对个人成长有积极影响，还对社会进步发挥着重要作用。

（1）促进社会和谐稳定

社会实践活动有助于增进不同群体之间的了解与沟通，缓解社会矛盾，促进社会和谐稳定。通过参与社区服务、支教扶贫等活动，学生可以深入了解社会底层人民的生活状况和需求，增强社会责任感和同情心。同时，这些活动也能让社会各界人士更好地了解青年学生的想法和追求，增进相互理解和信任。

（2）推动社会文明进步

社会实践活动是传播和弘扬社会文明的重要载体。通过参与文化宣传、环保倡导等活动，学生可以积极传播正能量，引导社会风气向善向好。此外，社会实践活动还能推动社会创新和发展，为社会的进步提供源源不断的动力。

（3）增强社会凝聚力

社会实践活动能够激发人们的集体荣誉感和归属感，增强社会凝聚力。在活动中，人们需要共同面对挑战、解决问题，这种共同经历有助于形成紧密的团队关系和合作精神。同时，社会实践活动还能促进不同领域、不同行业之间的交流与合作，推动社会各界的协同发展。

3．社会实践活动对国家发展的贡献

社会实践活动作为培养高素质人才、推动社会发展的重要手段，对国家的发展具有不可或缺的贡献。

（1）培养国家栋梁之才

社会实践活动是教育的重要组成部分，通过实践活动，学生能够将在课堂上学到的知识运用到实际工作中，加深对理论知识的理解和掌握，同时也能够提升自身的综合素质和实践能力。这种全面的教育和培养方式有助于为国家输送更多的高素质人才，为国家的建设和发展提供有力的人才保障。

（2）服务国家发展战略

社会实践活动往往紧密结合国家的发展战略和实际需求，通过参与各种实践活动，学生能够深入了解国家的政策导向和发展方向，从而更好地为国家的发展做出贡献。例如，参与科技创新、文化传承等领域的实践活动，可以推动相关领域的发展，为国家的科技创新和文化繁荣提供支持。

（3）促进产学研用深度融合

社会实践活动能够促进高校、企业和研究机构之间的深度合作，实现产学研用的紧密结合。通过实践活动，学生可以接触到最新的科研成果和技术应用，了解企业的实际需求和市场需求，从而更好地将理论知识与实际工作相结合。同时，实践活动也能够为企业提供优秀的人才资源和智力支持，推动企业的技术创新和产业升级。

服务性社会实践

（一）热爱服务性社会实践

服务性社会实践活动，它并非直接产生实质性的物质成果，亦不直接催生财富的累积，而主要在于创造使用价值。这种实践活动可以是无偿的，它以服务他人、回馈社会为核心宗旨，彰显出鲜明的公益性质。当然，服务性社会实践活动同样可以是有偿的。中职学生可以运用自身的知识、技能与设备，为他人、企业和社会提供服务，并从中获得相应的酬劳，这样的实践活动既体现了利他精神，也实现了自我价值。

中职学生参与的服务性社会实践活动形式多样，包括社区服务、公益宣传、志愿服务等多种方式。这些活动不仅为他们提供了锻炼与实践的机会，也使他们能够在服务他人的过程中，感受到社会的温暖与力量。

（二）服务性社会实践主要类型及内容

1. 社区服务

新时代的中职学生社区服务，是中等职业学校学子运用自己的专业技能、知识积累和宝贵时间，为社区居民提供多元化的服务形式。这种社区服务涵盖了环保绿色服务、健康医疗服务、文艺宣传服务、赛会支援服务及一对一个性化服务等众多领域，其核心目标在于推动社区的和谐共进，同时提升学生的综合素养与社会责任意识。通过参与社区服务，中职学生不仅能够将所学应用于实际，更能深切体验到为社会、为他人贡献力量的价值，从而培养起更为深厚的社会责任感。

2. 公益宣传

随着社会的快速发展，公益事业逐渐成为社会关注的焦点。中职学生作为社会的一份子，也应积极参与到公益活动中，发挥自己的力量。公益宣传活动是中职学生参与公益事业的重要途径之一，通过宣传公益理念，传播正能量，为社会的进步和发展做出贡献。图4-2-1为中职学生公益宣传活动的实践过程。

活动组织与策划	⟹	中职学生公益宣传活动的组织与策划是活动成功的关键。在活动组织方面，需要成立专门的活动小组，明确各成员的职责和任务。在活动策划方面，要结合社会热点和中职学生的特点，制定切实可行的宣传方案。同时，还要充分考虑活动的时间、地点、经费等因素，确保活动的顺利进行。
活动实施与宣传	⟹	活动实施阶段，需要按照策划方案，有序开展各项宣传工作。可以通过制作宣传海报、发放宣传资料、举办讲座等方式，向广大中职学生和社会公众传递公益理念。同时，还可以利用新媒体平台，如微博、微信公众号等，扩大宣传范围，提高宣传效果。
活动效果评估	⟹	活动结束后，需要对活动效果进行评估。可以通过问卷调查、访谈等方式，收集参与者和社会公众对活动的反馈意见。通过对反馈意见的分析，可以了解活动的优点和不足，为今后的公益活动提供改进方向。

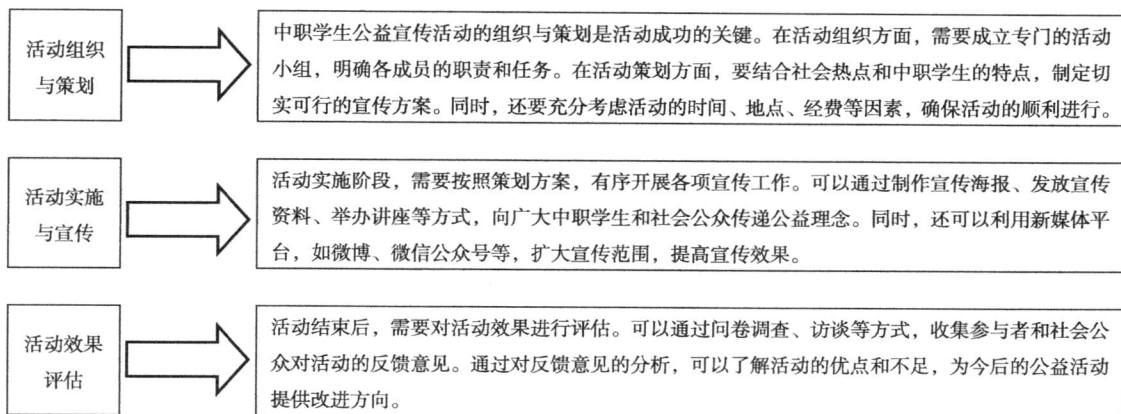

图 4-2-1 中职学生公益宣传活动的实践过程

3. 志愿服务

《志愿服务条例》规定，志愿服务，是指志愿者、志愿服务组织和其他组织自愿、无偿向社会或者他人提供的公益服务。志愿服务广义上指志愿者不以获取物质报酬为目的，自愿贡献时间、能力和财富，为社会和他人提供帮助的公益服务。

根据不同的分类标准，可以将志愿服务划分为不同的类别。从服务内容来看，志愿服务可分为社会福利类、文化娱乐类、医疗卫生类、环保类、权益类、治安类、救援类志愿服务。从服务时间来看，志愿服务可分为定期性志愿服务和临时性志愿服务。从服务组织程度来看，志愿服务可分为有组织的志愿服务和个人的志愿服务。从服务发起单位来看，志愿服务可分为政府组织、企业组织和公益慈善机构组织的志愿服务。

中职学生参与的志愿服务劳动形式多样，其中，一项备受瞩目的全国性志愿服务活动便是大中专学生志愿者暑期文化科技卫生"三下乡"社会实践活动。

自 1997 年起，中共中央宣传部、中央文明办、教育部、共青团中央、全国学联联合发出通知，组织开展全国大中专学生志愿者暑期文化科技卫生"三下乡"社会实践活动，引导和帮助广大青年学生深入基层一线，上好与现实相结合的"大思政课"，在社会课堂中"受教育、长才干、作贡献"，坚定信念听党话、跟党走。

（三）提高服务性社会实践技能

中职学生若想提升服务性社会实践技能，应积极投身于实践，学习并积累相关知识，同时不断增强自身的沟通与协调能力，并紧跟社会热点，以优化志愿服务的效果。

1. 主动参与服务性社会实践

投身服务性社会实践活动，即是自发地、热忱地投身于为他人或社区提供有益帮助的行为。此种行为往往源自内心的善良与善意，意在帮助他人，改善社区乃至社会的整体状况，而并非追求物质上的直接回报。作为中职学生，完全有能力主动投身于服务性劳动，将个人的"愉悦"融入服务之中，用笑容与活力去影响并帮助他人。

通过积极投身于服务性劳动，个人能够深刻体验到对他人的帮助与贡献，进一步促进社区的团结与社会的进步。此外，服务性社会实践活动还有助于提升个人的社会责任感、领导才能、组织协调能力等。众多组织与社区都热切期盼志愿者的加入，志愿者们可以主动联系当地的非营利性组织、志愿服务机构或社区服务中心，深入了解它们的项目与需求，选择适合自己的服务领域，为社会的和谐与进步贡献自己的一份力量。

2. 加强学习并积极参加培训

为了更有效地开展服务性社会实践，中职学生需要积极学习相关的知识和技能。这包括通过图书、讲座、网络等多种渠道，深入了解服务性社会实践的基本原理和方法，以便能够针对不同的服务项目灵活运用。通过学习与实践，中职学生可以逐渐提升自身的服务水平，为社区和他人提供更加专业、高效的服务。

此外，参加服务性劳动培训也是提高中职学生服务实践能力的重要途径。服务技能培训旨在提升服务行业从业人员的综合素质，包括技能、知识和态度等方面。通过参加这样的培训，中职学生可以学习到更多的服务技巧和方法，增强在特定行业或领域的竞争力。这些培训通常由专业的教育机构或行业组织提供，为中职学生提供了一个宝贵的学习平台。

3. 加入志愿者团队

加入志愿者团队，可以为中职学生提供一个展示个人才能和服务他人的平台。首先，确定自己感兴趣的领域，如教育、环保或社区服务，然后寻找与之相关的志愿服务机会。其次，可咨询当地志愿者组织、非营利组织或社区中心，同时也可网上搜索志愿者招募信息。找到感兴趣的志愿服务后，与相关组织联系，了解其志愿者要求和工作安排，并咨询有关工作内容、时间、地点和培训等详情。

社区作为志愿服务的主要场所，是志愿者参与基层社会治理的重要途径。中职学生可加入社区志愿者团队，积极参与社区服务行动，深入社区，围绕生态环保、安全宜居、法治宣传等公共需求，特别关注社区青少年、老年人、残疾人等群体的需求，定期开展志愿服务。通过加入志愿者团队，参与社区和志愿服务劳动项目，中职学生能够更深入了解服务性劳动的运作与管理，同时在团队合作中提升个人服务技能。

4. 锻炼沟通和协调能力

在服务性社会实践中，锻炼沟通和协调能力是至关重要的。这种实践要求我们与社会各界人士进行高效的沟通与合作。沟通和协调能力是可以通过不断练习而逐渐提升的技能。中职学生可以通过参与辩论、演讲比赛等活动来增强这些能力。例如，积极倾听、清晰表达、适时反馈，同时学习借鉴他人经验，理解他人意图，善用非语言沟通方式，灵活处理冲突，了解团队成员的需求，以及掌握谈判技巧等。

5. 关注社会热点

近年来，可持续能源、循环经济、生态保护及社会责任等问题，在全球范围内持续受到关注。同时，数字经济、区块链技术和人工智能应用等数字化转型话题正引领着商业和经济的发展方向。随着技术的日新月异，人们对数字隐私、数据安全和人工智能伦理的关切也日益增强。为了及时掌握当前社会热点，学生可以通过可靠的媒体渠道查阅相关新闻。关注这些热点问题，有助于中职学生更好地把握社会需求，从而提升服务性劳动的针对性和实效性。

耕读故事

广西农牧工程学校开展进社区学雷锋志愿服务活动

为深入学习贯彻党的二十大精神，进一步培养学生"有爱心、做好事、乐奉献"的社会服务意识，持续增强以劳树德的社会实践教育，不断巩固城乡文明治理成果，广西农牧工程学校于 2024 年 3 月份分别组织和开展了系列进社区学雷锋志愿服务活动。

志愿实践在身边。因学校本部和南校区人员往来密集，对过往街道的环境要求更高，学校团委搭建了班级志愿服务劳动实践平台，让学生从日常生活中学会爱护环境。3 月份学校共安排 18 个班级的学生对南校区往返校本部的街道开展环境整治工作，学生志愿者利用课余时间认真清理街道两旁的杂物纸屑、捡拾白色垃圾，把所在的街区维护得整洁有序，下一步学校将继续加大力度共同把街道打造好，提供靓丽的街道环境。

服务乡村在青年。3 月 27 日，一支美丽乡村志愿服务队出现在柳北区江湾村，这支下乡服务队伍由学校团委学生干部、共青团员及青年学生共 20 多人组成，他们在沙塘镇江湾村干部的指导下，认真清扫乡村道路，整理乡村公共场所，每到一处都积极地维护村容村貌，共同为巩固文明乡村而努力行动。

社区服务在行动。3 月 29 日，学校派出共青团员、青年学生共 15 人参加 2024 年沙塘社区组织的"弘扬雷锋精神，创建文明城市"志愿服务活动，在社区工作人员的指导下，志愿者们清理辖区范围内乱张贴的小广告，捡拾道路上的白色垃圾，并及时劝阻乱摆乱卖等行为，共同为居民文明素养营造良好的社区氛围。

耕读故事

技术服务助力产教融合，产业与教育实现共赢发展
——广西农牧工程学校师生开展科技下乡技术服务

2024 年初春以来，学校科技特派员们陆续接到养殖户的邀请，积极开展下乡科技服务工作，以实际行动为当地畜禽养殖生产提供技术支持。

学校周边长期合作的柳州市兴亮养殖合作社遇到了生产瓶颈，由于养殖规模的增大，原计划进行免疫接种工作成为企业的难题，急需要大批懂专业的技术人才给予帮助。学校科技特派员、高级双师教师龚筱丽了解到这一情况后，带领学校畜禽生产技术专业的学生及时为企业开展免疫接种工作，同时带领学生指导与协助企业员工进行了保温房的搭建、育雏管理、分区管理、生态养殖、无害化处理等工作。工作中服务到位、效果显著，得到了养殖户的大力肯定与赞许。

此次科技特派员的技术服务充分利用养殖企业的产业优势和学校的教育资源，实现优势互补、资源共享。养殖企业为学生提供真实的实习实训环境。学校则将根据企业需求，提供技术服务，加强学生实践教学，校企融合下，实现了产业与教育的共赢发展。

名人名言

人的生命是有限的，可是，为人民服务是无限的，我要把有限的生命，投入到无限的为人民服务之中去。

——雷锋

知识拓展

志愿者精神

"奉献、友爱、互助、进步"是志愿者精神的四面旗帜。四面沉甸甸的旗帜，每一面都不

是轻易就能举起的。

奉献精神是志愿者精神的精髓，即恭敬地交付、奉献，不求回报地付出。

友爱精神提倡志愿者欣赏他人、与人为善、有爱无碍、平等尊重。志愿者之爱跨越了国界、职业和贫富差距，是没有文化差异、没有民族之分、不论高低贵贱的平等之爱，它让社会充满阳光般的温暖。

互助精神则提倡"互相帮助、助人自助"。"互相帮助"指志愿者凭借自己的双手、头脑、知识、爱心开展各种志愿服务活动，帮助那些处于困难和危机中的人们。志愿者以互助精神唤醒他人内心的仁爱和慈善，使大众持之以恒地真心奉献。"助人自助"指志愿者帮助人们走出困境，自强自立，重返生活舞台。受助者获得生活的能力后，也会投入关心他人、帮助他人、为社会作贡献的志愿活动中。

进步精神是志愿者精神的重要组成部分。志愿者通过参与志愿服务，使自己的能力和精神层次得到提高，同时，促进了社会的进步。这一精神使人们甘心付出，追求社会和谐之境的实现。

主题实践活动 ——"携手志愿，温暖同行"志愿者日活动

1. 活动主题："携手志愿，温暖同行"
2. 活动目的：弘扬志愿者精神，吸引更多人参与志愿者服务。
3. 活动时间：[具体日期]
4. 活动地点：[详细地点]
5. 活动内容：
（1）志愿者招募与培训：提前宣传活动，招募志愿者，并进行相关培训。
（2）社区服务项目：组织志愿者参与社区清洁、关爱老人、帮助弱势群体等项目。
（3）公益宣传活动：举办展览、讲座等，宣传志愿者服务的意义和成果。
（4）志愿者交流分享会：邀请资深志愿者分享经验，促进志愿者之间的交流与成长。
6. 活动评估：收集参与者的反馈，评估活动效果，为今后的活动提供改进方向。

模块三

"耕读教育"产业实践

前言导读

　　耕读教育产业实践是传统智慧与现代产业的融合探索，它不仅能够传承和弘扬中华民族传统文化，还能够推动产业的创新和发展。通过加强耕读教育与产业实践的深度融合，培养更多具有创新精神和实践能力的人才，为经济社会发展注入新的动力。

知识导航

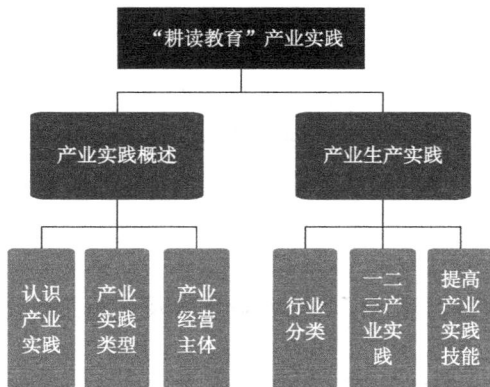

主体内容

产业实践概述

（一）认识产业实践

　　产业实践是将耕读教育的理念和方法应用于实际产业中的过程。通过产业实践，人们可以更加深入地了解产业的发展规律，掌握先进的生产技术和经营管理方法，推动产业的升级和创新。同时，产业实践也是检验耕读教育成果的重要途径，可以帮助学生将所学知识应用于实际生产和管理中，提高其综合素质和实践能力。

　　耕读教育与产业实践的深度融合，是实现教育与产业协同发展的重要途径。一方面，耕读教育可以为产业实践提供人才支持和智力支撑，通过培养具有创新精神和实践能力的人才，推动产业的创新和发展。另一方面，产业实践也可以为耕读教育提供实践平台和教学资源，帮助学生更好地理解和应用所学知识，提高其综合素质和就业竞争力。

　　产业实践的意义主要体现在以下四方面。

1．理论知识的落地生根

产业实践是理论知识的实际应用，它使得理论知识不再停留在纸面之上，而是真正转化为生产力。通过产业实践，可以将理论知识与实际操作相结合，发现其中的不足并进行改进，进而推动产业的创新发展。同时，产业实践还能为理论研究提供源源不断的素材和案例，促进理论的不断完善和深化。

2．促进产业升级与转型

随着科技的不断进步和市场的不断变化，产业升级与转型成为必然趋势。产业实践在这一过程中发挥着至关重要的作用。通过产业实践，可以深入了解市场需求、技术进步和资源配置等方面的实际情况，为产业升级与转型提供有力的支撑。同时，产业实践还能推动新技术、新工艺和新产品的不断涌现，为产业升级与转型注入新的动力。

3．提升经济竞争力与创新能力

在全球化的今天，经济竞争力和创新能力成为国家发展的重要支柱。产业实践作为提升经济竞争力和创新能力的有效途径，具有不可替代的作用。通过产业实践，可以积累丰富的经验和技术，提高产业的技术水平和附加值，从而增强经济竞争力。同时，产业实践还能激发企业的创新活力，推动新技术的研发和应用，为经济发展注入新的活力。

4．培养高素质人才与推动社会进步

产业实践在培养高素质人才和推动社会进步方面也具有重要作用。通过参与产业实践，人们可以亲身体验产业运作的各个环节，深入了解产业的实际需求和挑战，从而增强自己的实践能力和综合素质。同时，产业实践还能为人才培养提供广阔的舞台和丰富的资源，培养出更多具有创新精神和实践能力的高素质人才，为社会的持续发展提供有力的人才保障。

（二）产业实践类型

产业实践的类型多种多样，涵盖了各个产业领域及其相关活动。以下是几种主要的产业实践类型。

农业生产实践：涉及农作物的种植、畜牧业的养殖、渔业的捕捞和养殖等。这包括现代化的农业技术应用，如精准农业、智能农业等，旨在提高农业生产效率和质量。

工业制造实践：涵盖了从原材料提取到产品制造的整个过程。这包括使用先进的机械、自动化设备和技术进行生产，以及进行产品创新和质量控制。

服务业实践：包括零售、餐饮、旅游、金融、教育、医疗等各种服务行业的实践活动。这些实践注重提供高质量的服务体验，满足客户需求，并不断提升服务水平。

技术创新实践：这类实践主要关注新技术的研发、应用和推广。这包括信息技术、生物技术、新材料技术等领域的创新活动，旨在推动产业升级和经济发展。

绿色产业实践：这类实践强调可持续发展和环境保护，包括清洁能源、环保技术、循环经济等领域的实践活动。这些实践旨在减少环境污染，促进资源的有效利用。

文化产业实践：涉及文化创意、艺术设计、传媒娱乐等领域的实践活动。这些实践注重文化的传承与创新，推动文化产业的发展和文化软实力的提升。

此外，还有众多其他类型的产业实践，如供应链管理、市场营销、人力资源管理等，这些都是企业运营和产业发展中不可或缺的部分。这些实践活动的共同目标是提高产业效率、促进经济增长并满足社会需求。

随着科技的进步和社会的发展，新的产业实践类型也在不断涌现，这些新的实践类型将进一步推动产业的发展和创新。

（三）产业经营主体

产业经营主体是指在特定产业领域内，具备独立经营能力、承担市场风险、享有经营收益的经济组织。产业经营主体可以按照多种维度进行分类，以下是几种主要的分类方式。

1. 按所有制性质分类

国有企业：属于国家所有的经营主体，主要承担国家的重点产业和关键领域的经营任务。

集体企业：由劳动者自愿组合、自筹资金、自主经营、自负盈亏、民主管理、按劳分配和按股分红相结合的经济组织。

私营企业：以自然人投资或控股的营利性经济组织，其经营目标是追求利润最大化。

混合所有制企业：由公有资本（国有资本和集体资本）与非公有资本（民营资本、外国资本和港澳台资本）共同参股组建而成的新型企业形式。

外商投资企业：包括中外合资经营企业、中外合作经营企业和外商独资企业。

2. 按在社会再生产过程中所处的环节和地位分类

生产领域市场主体：主要承担产品的生产和制造任务，如制造业企业、农业企业等。

流通领域市场主体：主要负责商品的流通和交易，如批发商、零售商、贸易公司等。

服务领域市场主体：主要提供各类服务，如金融机构、教育机构、医疗机构等。

3. 按产业结构分类

第一产业经营主体：主要涉及农业、林业、牧业和渔业等生产食物和其他生物材料的产业。

第二产业经营主体：主要包括工业和建筑业，涉及加工制造产业或手工制造业，使用大自然提供的基本材料进行加工。

第三产业经营主体：涵盖了除第一、第二产业以外的其他所有行业，主要涉及交通、商业、餐饮、金融、教育和公共服务等非物质生产部门。

4. 按生产经营活动当事人分类

投资者：为产业发展提供资本，满足产业运行所需的固定资金和流动资金。

生产者：根据市场需求，将原材料加工制造成具有特定功能的商品。

中间商：包括批发商、零售商等，作为交换中介人，通过买卖商品，为完成产业循环活动服务。

产业生产实践

（一）行业分类

根据现行的《国民经济行业分类》（GB/T 4754—2017），我国国民经济行业分为 20 个门类、97 个大类、473 个中类、1382 个小类。

如 A 门类：农、林、牧、渔业，本门类包括 01～05 大类。01 大类是农业，指对各种农作物的种植。011 中类是谷物种植，指以收获籽实为主的农作物的种植，包括稻谷、小麦、玉米等农作物的种植和作为饲料和工业原料的谷物的种植。0111 小类是稻谷种植；0112 小类是小麦种植；0113 小类是玉米种植；0119 小类是其他谷物种植。

（二）一二三产业实践

产业生产实践具体包括第一产业、第二产业和第三产业的实践。根据 2021 年度人力资源和社会保障事业发展统计公报显示，2021 年末全国就业人员 74652 万人，其中城镇就业人员 46773 万人。第一产业就业人员占就业总人数的 22.9%；第二产业就业人员占 29.1%；第三产业就业人员占 48%。

1. 第一产业实践

第一产业，主要由农、林、牧、渔业构成。第一产业实践不仅是农业生产的具体行动，更是推动农业现代化、促进农村经济发展、实现乡村振兴的关键所在。

（1）推动农业现代化

随着科技的进步和市场的变化，农业现代化成为必然趋势。第一产业实践是推动农业现代化的重要力量。通过引进新技术、推广新品种、改善农业设施等方式，第一产业实践能够提升农业生产效率，提高农产品质量，增强农业竞争力。同时，第一产业实践还能推动农业产业结构优化，促进农业与二三产业的融合发展，为农业现代化注入新的活力。

（2）促进农村经济发展

第一产业实践对于农村经济发展具有至关重要的作用。通过发展特色农业、推进农村产业结构调整、加强农产品市场体系建设等方式，第一产业实践能够增加农民收入，改善农村生活条件，推动农村经济的全面发展。同时，第一产业实践还能吸引更多的资本和人才投入农村，促进农村经济的多元化和可持续发展。

（3）助力乡村振兴

乡村振兴是当前国家发展的重要战略之一，而第一产业实践是实现乡村振兴的重要途径。通过第一产业实践，我们可以深入挖掘农业的多重功能，推动农业与休闲旅游、文化教育等产业的深度融合，打造具有地方特色的农业品牌，提升农业的综合效益。同时，第一产业实践还能改善农村生态环境，提升农村人居环境质量，为乡村振兴创造更好的条件。

（4）培养新型农业人才

第一产业实践在培养新型农业人才方面也具有重要作用。通过参与第一产业实践，人们可以深入了解农业生产的实际情况和市场需求，掌握现代农业技术和经营管理知识，提升自己的实践能力和综合素质。同时，第一产业实践还能为农业院校和科研机构提供实践基地和实验场所，促进产学研紧密结合，推动农业科技创新和人才培养。

2. 第二产业实践

第二产业，主要包括工业和建筑业，是国民经济的支柱。第二产业实践不仅是工业发展的核心动力，更是推动经济转型升级、提升国家竞争力的关键所在。

（1）强化工业基础，推动技术进步

工业是第二产业的主体，其实践活动对于强化工业基础、推动技术进步具有至关重要的作用。通过第二产业实践，我们可以不断引进新技术、新工艺和新设备，提升工业生产的自动化、智能化水平，提高工业生产效率和质量。同时，第二产业实践还能促进工业领域的创新研发，推动工业技术的更新换代，为经济发展提供强大的技术支持。

（2）促进产业结构优化与升级

随着全球经济的快速发展，产业结构优化与升级成为必然趋势。第二产业实践在这一过程中发挥着重要作用。通过调整工业结构、优化产业布局、发展新兴产业等方式，第二产业实践能够促进产业结构的合理化和高级化，提升产业的整体竞争力。同时，第二产业实践还能推动传统产业的转型升级，提高产业的附加值和经济效益。

（3）驱动经济发展，提升国家竞争力

第二产业作为国民经济的支柱产业，其实践活动对于驱动经济发展、提升国家竞争力具有重要意义。通过第二产业实践，可以推动工业经济的快速发展，为经济增长提供强大的动力。同时，第二产业实践还能促进产业链的完善和优化，提升产业的协同发展水平，增强国家的产业竞争力。此外，第二产业实践还能带动相关产业的发展，形成产业集群效应，推动经济的多元化和可持续发展。

（4）培养高素质人才，推动社会进步

第二产业实践在培养高素质人才和推动社会进步方面也发挥着重要作用。通过参与第二产业实践，可以深入了解工业生产的各个环节和技术要求，掌握先进的工业技术和经营管理知识，提升实践能力和综合素质。同时，第二产业实践还能为人才培养提供广阔的舞台和丰富的资源，培养出更多具有创新精神和实践能力的高素质人才，为社会的持续发展提供有力的人才保障。

3．第三产业实践

第三产业，即服务业，作为现代经济的重要组成部分，其实践活动对于推动经济发展、促进社会进步具有重要意义。

（1）推动服务业繁荣发展

随着经济的发展和人民生活水平的提高，服务业逐渐成为经济增长的主要动力。第三产业实践通过提供多样化、个性化的服务，满足人民日益增长的美好生活需要，推动服务业的繁荣发展。同时，第三产业实践还能促进服务业内部结构的优化和升级，提升服务业的整体水平和竞争力，为经济的高质量发展提供有力支撑。

（2）促进产业融合与创新发展

第三产业实践在促进产业融合与创新发展方面发挥着重要作用。通过加强与其他产业的深度融合，第三产业实践能够推动形成新业态、新模式，拓展服务业的发展空间。同时，第三产业实践还能激发创新活力，推动服务业在技术创新、商业模式创新等方面取得突破，为经济发展注入新的动力。

（3）提升就业质量与民生福祉

第三产业实践在提升就业质量与民生福祉方面具有重要意义。服务业作为吸纳就业的重要领域，其实践活动能够创造大量就业机会，缓解就业压力。同时，第三产业实践还能提供高质量的服务产品，满足人民群众对美好生活的追求，提升民生福祉水平。此外，服务业的发展还能带动相关产业的进步，形成良性互动，推动社会全面进步。

（4）推动城市化进程与社会文明进步

第三产业实践在推动城市化进程和社会文明进步方面也发挥着重要作用。服务业的发展与城市化进程相互促进，第三产业实践能够推动城市功能的完善和提升，提高城市的宜居性和吸引力。同时，第三产业实践还能促进社会文明进步，提升人们的文化素养和道德水平，推动社会和谐稳定。

（三）提高产业实践技能

1．提高第一产业实践技能

（1）应积极追求第一产业知识的深化。第一产业知识涵盖了农业、林业、畜牧业和渔业等多个层面。在新时代的浪潮下，农业、林业、畜牧业和渔业都在经历着持续的进步和变革。

为了深入理解农作物的生长规律、掌握肥料应用的技巧及有效应对病虫害问题，可以选择参与第一产业相关的课程、研读第一产业的专业书籍，或者观看相关视频进行学习。

（2）积累第一产业实践经验同样至关重要。通过亲身投入到第一产业的生产活动中，可以积累宝贵的经验，并在实践中不断进行总结和反思。这包括但不限于在田间地头进行实际操作、与农民进行深入交流、参与农业合作社等方式，以此来丰富实践经验。

（3）参与第一产业相关的培训也是提升能力的有效途径。通过参加这些培训，可以更加了解当地第一产业的生产现状和需求，亲身体验和实践先进的第一产业技术，从而进一步丰富实践经验和技能。

（4）学会对第一产业数据进行深入分析。第一产业的生产涉及大量的数据，如天气变化、土壤状态、水质状况等，这些都需要进行有效的分析和管理。掌握数据分析和管理技能，有助于更好地预测和应对第一产业生产中的各种变化和挑战，从而确保生产的顺利进行。

2. 提高第二产业实践技能

（1）深入钻研第二产业的理论知识。科技的飞速发展使得第二产业中不断涌现出众多新颖的技术和知识。理论知识作为掌握实践技能的重要基石，中职学生应当致力于学习相关专业的理论内容，深入了解第二产业生产的核心原理和操作要领。

（2）踊跃参与第二产业的实习锻炼。实习实践对于中职学生提升第二产业劳动技能至关重要。通过在企业或工厂中的实习，中职学生可以亲身参与现场操作，积累经验，进而提升第二产业生产的技能水平。在实习期间，应保持敏锐的观察力和学习热情，不断提升自身的技能层次。

（3）积极投身第二产业的职业技能大赛。职业技能大赛是中职学生展示技能水平的舞台，它直观展现了新时代各行各业中最为精湛的技术与技能。参与各种技能竞赛，不仅能够锻炼中职学生的技能和实践能力，还能够进一步提升他们在第二产业生产中的技能水平。

3. 提高第三产业实践技能

（1）深入钻研专业知识。在中职学校，将会接触到众多与第三产业生产劳动息息相关的专业课程，如旅游服务、餐饮服务、美容美发服务等。作为中职学生，应当全心投入学习，深刻理解专业知识，并在实践中不断积累宝贵的经验。

（2）加强语言能力训练。第三产业生产劳动的客户群体广泛，可能来自不同的行业和地区，甚至包括不同国家的客人。因此，语言能力显得尤为重要。可以通过学习相关的语言知识，不断提高语言表达和沟通能力，以便更好地与客户进行交流。

（3）专注培养专业技能。对于第三产业生产劳动而言，掌握专业技能是不可或缺的。可以选择一项特定的服务技能进行深入学习，如咖啡制作、按摩理疗、化妆等。通过反复实践和不断磨炼，可以提升自己的技能水平，为客户提供更优质的服务。

（4）强化服务意识。第三产业生产劳动的核心在于满足客户需求，因此，必须高度重视服务质量。应该时刻保持礼貌待人、注重个人形象，并努力提供个性化的服务，以满足客户的期望。通过不断增强服务意识，可以赢得客户的信任和好评，为自己的职业生涯打下坚实的基础。

4. 参加职业技能大赛

普通教育以高考为重要衡量标准，而职业教育则通过技能大赛来检验学生的专业技能水平。随着国家对中等职业教育的日益重视，国家级、省部级等各类技能大赛在全国范围内蓬勃开展，旨在推动中职学生专业技能的提升。这些技能大赛为广大中职学生搭建了一个展示才华、交流技艺的优质平台。

如今，职业技能大赛已不仅仅是职业学校学生之间的技能竞赛，它更是适应社会需求、引领职业教育改革发展的重要"风向标"。大赛紧密结合行业发展趋势，紧密围绕企业实际需求，使得参赛学生在实际操作中不断提升自己的技能水平，更好地适应未来工作岗位的要求。

出于对人才培养和企业可持续发展的深刻认识，越来越多的行业和企业积极参与到职业技能大赛中来。他们不仅为大赛提供资金和技术支持，还通过大赛选拔优秀的技能人才，为企业的未来发展储备人才资源。因此，职业技能大赛已经成为一场"真刀真枪"的实战演练，让学生在实际操作中不断提升自己的技能水平。

5. 参加岗位实习

岗位实习作为学生在校期间的重要实践性教学环节，无疑是教学计划中不可或缺的一部分。它是在学生完成了文化基础课、部分专业课及校内专业实践课的学习之后进行的，是学校专业教学过程的自然延伸。这一环节不仅体现了理论联系实际的教学原则，更在提高学生职业能力、培养高素质技术技能人才方面发挥着举足轻重的作用。

通过岗位实习，学生可以走出课堂，深入实际工作环境，将所学理论知识与实际操作相结合。这不仅能够开阔学生的视野，使他们提前了解社会，增强对岗位的认识和责任感，还能够加深对专业的理解，培养适应岗位所需的能力和创新能力。同时，岗位实习也是提高学生实践、动手能力的重要途径，为他们未来"零距离"就业打下坚实的基础。

对于新时代的中职学生而言，提高岗位实习劳动技能尤为重要。随着社会的快速发展和科技的不断进步，各行各业对技能人才的需求越来越高。中职学生只有不断提高自己的实践操作技能，才能在未来找到更好的工作机会，提高职业竞争力。因此，他们应该认真对待岗位实习，充分利用这一机会，努力学习和提升自己的劳动技能。

在岗位实习过程中，中职学生应该积极主动，勤奋好学，善于观察和思考。他们应该虚心向经验丰富的师傅或同事请教，不断总结经验教训，提高自己的操作技能。同时，他们还应该注重培养自己的团队协作精神和沟通能力，以适应未来职业发展的需要。

岗位实习是中职学生提升劳动技能、增强职业竞争力的重要途径。只有认真对待这一环节，努力学习和提升自己，才能为未来的职业发展打下坚实的基础。

耕读故事

广西玉林农业学校中餐烹饪专业
开展现代学徒制培养双导师企业实践教学活动

为深化产教融合、进一步完善校企合作育人机制、提高人才培养质量和针对性，2023 年 10 月 16 日，学校中餐烹饪专业教师分别来到 2020 级现代学徒企业学习基地——逸养阁、中鼎东方文华大酒店开展现代学徒制培养双导师企业实践教学活动，财经商贸科科长谭汉元出席了本次活动。

通过此次双导师企业实践教学活动，进一步拉近了专业教师与学生的距离，让学生将理论与实践更好地融合；促进了校企双方密切合作，为今后中餐烹饪专业深化工学结合人才培养模式改革、发展现代学徒制培养，实现校企一体化育人提供了宝贵经验。

在本次企业实践教学活动中，专业教师参与到学生的企业学习中，这不仅能帮助学生们将所学理论与实践进行融合，还能进一步提升教师的专业能力和教学水平，更能通过本次企业实践活动让教师深入了解企业岗位要求，为后续开展现代学徒制的教学工作打下基础。

此外，我校专业教师还与企业师傅深入交流，了解学校学生在企业学习期间所学习的内容及学习难度强度等问题，掌握学生的学习情况，为后续完善现代学徒制校企共同制定人才培养方案，设立规范化的企业课程标准、考核方案等提供了依据。

耕读故事

广西桂林农业学校圆满召开 2021 级岗位实习动员大会

2024 年 3 月 12 日晚，广西桂林农业学校在图书综合楼五楼报告厅召开 2021 级毕业生岗位实习动员大会。本次实习动员大会由招生就业科牵头组织，出席会议的有招生就业科科长吴春英、学生科科长唐峥峥、教务科副科长陶世洪、岗位实习企业代表，以及 2021 级班主任及毕业生。会议由招生就业科副科长王菊凤主持。

首先，吴春英科长就 2021 级学生岗位实习工作发表了动员讲话。她在讲话中鼓励学生珍惜实习机会，增长技术才干，努力成长成才，并就学校对实习工作的具体安排、实习方案、实习原则、实习注意事项等，向学生们进行了耐心细致的讲解。

接着，实习合作企业单位代表向学生们介绍企业的工作、生活环境、工作内容和薪资待遇等，为学生接下来的实习工作答疑解惑。

学生科唐峥峥科长就实习工作的意义和价值向学生们提出了殷切的期望，他在发言中谈到实习是学生毕业鹏程万里的新起点，把实习当作是最好的成人礼，到实习中去实践，在实践中成才，把实习当作是检验能力的好机会，在实习中学做人处事，学技能本领，学安全生产，学合作交流。

教务科陶世洪副科长就实习工作中需要准备的材料、上报的内容、日常管理等向班主任和学生做了详细的说明，叮嘱大家遵纪守法，高质量地完成实习任务。

岗位实习活动是职业教育人才培养工作中十分重要的教学环节，对学生的职业成长有着重要的促进作用，本次实习动员大会为 2021 级毕业生的实习工作吹响了集结号，相信即将走向实习岗位的学生们会有出色的表现。

名人名言

工人阶级是人类最进步的阶梯。

——马克思

知识拓展

中职学生实习管理规定

实习类型	认识实习	学生由职业学校组织到实习单位参观、观摩和体验，形成对实习单位和相关岗位的初步认识的活动
	岗位实习	具备一定实践岗位工作能力的学生，在专业人员的指导下，辅助或相对独立参与实际工作的活动
实习方式	集中实习	适用于认识实习和岗位实习，在学校统一组织安排下的实习，一般安排在优质的示范性单位实习，保证实习质量
	自主实习	适用于岗位实习，个人申请的自主实习，须经家长同意，并向学校申请报批
实习时间安排	认识实习	一般每个学年安排1~2次，每次1~2周
	岗位实习	学生在实习单位的岗位实习时间一般为6个月

主题实践活动——学校职业技能竞赛活动

一、活动主题："展现技能风采，成就职业梦想"

二、活动目的：

1. 提升学生的职业技能水平，增强实践能力。

2. 培养学生的竞争意识和团队合作精神。

3. 加强学校与企业的联系，促进产教融合。

三、活动时间：[具体日期]

四、活动地点：学校实训室或特定场地

五、参与人员：全校学生

六、竞赛项目：

根据学校的专业设置和学生的实际情况，确定多个竞赛项目，如计算机编程、机械加工、厨艺比赛、营销策划等。

七、活动流程：

1. 报名阶段：学生在规定时间内报名参加竞赛项目。

2. 培训阶段：组织相关培训，提高学生的竞赛技能。

3. 初赛阶段：进行初赛，选拔出优秀选手进入决赛。

4. 决赛阶段：组织决赛，评选出各项目的优胜者。

5. 颁奖仪式：对优胜者进行表彰和奖励。

八、评分标准：

根据竞赛项目的特点，制定具体的评分标准，包括技能操作的准确性、效率、创新性等方面。

耕读现代篇

篇·章·导·读·

在现代社会，随着科技的进步和工业的发展，人们的生活方式发生了巨大的变化。然而，耕读文化所蕴含的价值观和精神追求依然具有重要意义。耕读不仅仅是对知识的追求，更是一种对生活的态度和责任的体现。通过耕读，人们可以更好地理解自然、尊重自然，实现与自然的和谐共生。

随着科技的不断进步和社会的持续发展，耕读文化在未来将呈现出新的发展趋势。一方面，耕读教育将更加注重与科技的结合，利用现代科技手段提高教育质量和效率。在现代教育中，耕读教育被赋予了新的内涵和形式。许多学校和教育机构通过开设农耕实践课程、建设实践教育基地等方式，将耕读教育融入日常教学中。这些创新实践不仅丰富了学生的学习体验，也提高了他们的实践能力和社会责任感。

模块一

农业科技发展

前言导读

　　农业科技，主要就是用于农业生产方面的科学技术，以及专门针对农村、城市生活方面和一些简单的农产品加工技术，包括种植、养殖、化肥农药的用法、各种生产资料的鉴别及高效农业生产模式等几方面。人类赖以生存发展的基础是农业，从狩猎到养殖，从采摘野果到种植，离不开劳动人民在生产中的探索和研究。

知识导航

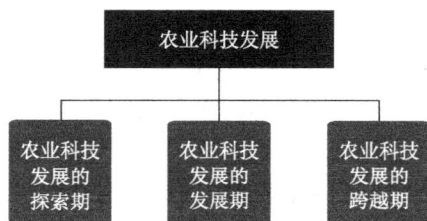

主体内容

农业科技发展的探索期

　　目前，我国农业科技创新已整体迈进世界第一方阵，农业科技进步贡献率超过 63%。

　　中华人民共和国成立后到改革开放前的探索期，主要是借鉴苏联模式，建立了以国家为主导的农业科技体制，开展了一些基础性和应用性的研究，取得了一些重要的成果，如杂交水稻、抗旱玉米、高产小麦等。

　　1956 年 1 月，中共中央政治局提出《1956 年到 1967 年全国农业发展纲要（草案）》。在全国农业合作化渐入高潮时出台的这份纲要草案，是当时中共中央对全国农业发展目标确定的总纲领。1956 年，我国基本完成了对农业、手工业和资本主义工商业的社会主义改造，进入了开始全面建设社会主义的历史时期。

　　1957 年 3 月 1 日，中国农业科学院的成立，是我国农业科技发展史上的重要里程碑。中国农业科学院始终全面贯彻落实党中央、国务院关于农业、农村与农业科技工作的方针政策，始终牢记农业科研国家队使命，面向国家重大需求、面向世界科技前沿、面向"三农"建设主战场，坚持"顶天立地"的科技创新方向，带领全国农业科技力量，不断提升科研创新能力和科技进步水平，为我国农业科技率先跨入世界先进行列奠定了坚实的基础，为保障国家粮食安全、促进农业农村经济发展做出了重要贡献。

20 世纪 50 年代，吃饭问题是国家头等大事。甫一立院，中国农科院的科研人员就走上了漫长艰辛的育种之路。1972 年，中国农科院和湖南农科院牵头开展籼型杂交水稻科研大协作，成功突破籼型杂交水稻三系配套，使中国成为世界上第一个在水稻生产上利用杂交优势的国家。1976 年，籼型杂交稻在全国大面积推广应用，单产增加 20%～50%，年推广面积达到上亿亩，同时在世界水稻主产区广泛种植。

农业科技发展的发展期

改革开放后到党的十八大前是我国农业科技的发展期，1978 年，中国开始了改革开放的历程，这标志着中国走向现代化的新时代。在改革开放的大背景下，科技成为推动中国现代化进程的重要力量。改革开放后，中国科技事业取得了长足发展，成就斐然。

改革开放后，中国加强了对新品种育种的研究和推广。改革开放以来，我国小麦育种研究得到新的发展，形成引进、交换、收集、保存、研究、利用的全国性组织网络，并与世界小麦主产国和相关国际组织建立了小麦品种资源交换的固定联系。此外，在玉米、水稻、棉花等作物方面也取得了一系列成果。

为了提高农业生产效益和减轻人工劳动负担，中国在农业机械化方面进行了大力发展。1980 年，我国农村使用拖拉机数量已达到 100 多万辆，并逐步实现了全面机械化。

2001 年我国加入世贸组织后到党的十八大前的转型期，主要是面对国际竞争和国内需求的双重压力，调整了农业科技的发展战略，加大了对农业科技的投入和支持，强化了以问题为导向和以需求为导向的研究模式，推动了农业科技与产业、市场、社会的紧密结合，取得了一批具有社会效益和经济效益的应用成果，如绿色防控（图 5-1-1）、设施农业（图 5-1-2）、生物质能源等。

图 5-1-1　绿色防控

图 5-1-2　设施农业

改革开放以来，国家积极推动农业机械化科技创新，通过农具改革，实施国家科技攻关、国家科技支撑计划、农业科技跨越计划、引进国际先进农业科学技术计划等，加大了农业机械装备关键技术和装备的研制开发和扶持力度，推动了农业机械化部分"瓶颈"环节技术和技术集成问题的解决。水稻种植和收获两个关键环节的机械化生产技术和装备研发取得突破，玉米收获机械化技术日臻成熟，油菜、牧草、甘蔗收获，移动式节水灌溉、复式农田作业机具及保护性耕作技术的创新研究取得重大进展。

农机产品的适用性、安全性、可靠性进一步增强。农机工业通过转换经营机制，深化企业改革，实现了从农机生产弱国发展成为世界农机生产大国的历史性跨越，支撑了我国农业机械化迅速发展。2008 年底全国农机制造企业约 8000 家，其中规模以上企业达到 2000 多家，农机工业总产值 1915 亿元，是改革开放初期 1980 年的 18.5 倍。农业机械质量和种类基本可以满足当前实际生产的需要。我国农机对外开放领域进一步扩大，成功地引进、消化、吸收了国外先进的水稻、甘蔗等作物生产机械和旱作节水农业、保护性耕作技术，促进了我国农业机械化水平提高。目前，我国农机产品不仅能满足国内市场需要，而且在国际市场上也表现出较明显的竞争优势。2006 年农机产品进出口贸易由逆转顺，实现贸易顺差 1.6 亿美元，2008 年出口 64.8 亿美元。

农业科技发展的跨越期

党的十八大以来，我国农业科技创新实现大发展、大跨越，整体迈进了世界第一方阵。2022 年，全国农业科技进步贡献率达 62.4%，自主选育作物品种面积占比超 95%，主要畜禽核心种源自给率达 75%，农作物耕种收综合机械化率达 72.03%，农业绿色发展指数达 76.91，为保障国家粮食安全、促进农民增收和农业绿色发展发挥了重要作用。

党的十八大以来，我国农业科技创新体系不断完善，农业科技创新体系效能显著提升，为农业科技进步贡献率突破 61% 发挥了关键支撑作用，保障国家粮食安全、引领产业升级、加快绿色发展作出了突出贡献。

一是农业科技创新体系效能提升，推进关键核心技术取得突破。坚持国家战略导向和产业需求导向，我国农业科技创新领域不断突破农业关键核心技术。种业自主创新不断提高，中国水稻研究所成功培育水稻天优华占、春江 12 等一系列高产新品种，袁隆平团队研发的"超优千号"杂交稻超高产攻关再创世界纪录。智能农机装备提档升级，攻克采棉机整机产品和采棉头核心部件技术瓶颈，突破植保无人机超低量喷头及精准施药技术等。动植物疫病防控取得突破，重组新城疫病毒灭活疫苗（A-VII 株）成为我国第一个拥有自主知识产权的新城疫疫苗，打破了完全依赖进口局面。

二是农业科技创新体系效能提升，切实保障国家粮食安全战略。党的十八大以来，我国主要农作物自主选育品种面积占比超过 95%，主要畜种核心种源自给率超过 75%，良种贡献率超过 45%。我国粮食产量连续十年保持连增态势，有效发挥"压舱石"作用。此外，重要农产品供给呈现多样化，蔬菜、水果、禽蛋、肉类、水产品产量明显增加。

三是农业科技创新体系效能提升，有效推进农业绿色发展进程。着眼于农业面源污染防治、耕地质量保护与提升、生态循环农业模式探索等，科学施肥、节水灌溉、绿色防控等技术大面积推广，循环农业模式及配套技术体系逐渐形成，化肥氮磷减施 20%，化学农药减施 30%，有效遏制了农业面源污染加剧的趋势。此外，党的十八大以来，三大主要粮食作物的化肥及农药利用率分别提升到 40.2% 和 40.6%，农田灌溉水有效利用系数提高到 0.568，畜禽养殖废弃物综合利用率达到 75%，农业绿色发展进程明显加快。

乡村振兴路上"领头牛"——华西牛

这是一场长达43年的科研长跑。长跑过程中，有人放弃，有人改行，留下来的抱着把"冷板凳"坐穿的坚韧，培育出了中国自主的肉牛品种。

俗话说"十年磨一剑"，许多科学家大都是用30年干好一件事。而为了选育"华西牛"，我国科学家则整整花费了43年，令人惊叹。

牛位于六畜之首，是农耕时代最重要的农耕动力。随着经济社会的快速发展，如今，耕牛已经退出了农业生产第一线，但牛的肉用价值越来越得到重视。居民的牛肉消费量和肉牛业发展水平成为一个国家经济和农业生产的重要标志，因此，如何把牛从过去的"役用"转变为"肉用"，推动我国养牛业由传统养殖向现代肉牛产业的跨越，是摆在科学家面前的一道世界级难题。如下图5-1-3为华西牛养殖场。

图5-1-3　华西牛养殖场

我国肉牛产业形成较晚，一直到20世纪80年代末才开始萌芽。我国本土黄牛长期的役用性能选择，导致国内牛品种肉用性能长期受到忽略，产肉性能偏低。新中国成立后的自主培育品种多为乳用或乳肉兼用类型，虽然推动了我国牛肉产量提升，但其生产效率与大型的专门化肉牛品种仍有较大差距。已培育的几个专门化肉牛品种，还不足以解决整个产业的供种问题。这是我国当时肉牛产业存在的四大问题。

面对这些问题，2002至2003年，从美国康奈尔大学博士后学成回国的李俊雅研究员，带领其课题组成员针对我国东北、云南、湖北、山西和新疆等养牛大省进行了调查。他们经过调研、研究、试验，将"三高两广"——高屠宰率、高净肉率、高生长速度、适应性广、分布广，作为肉牛新品种的育种目标，许下了"破垄断局面，兴民族品牌，丰百姓餐桌"的愿望。

在锡林郭勒盟东北边境乌珠穆沁大草原（图5-1-4），有一个名为乌拉盖的地区，位于乌拉盖河、斯尔吉河、乃林河流域，那里水草丰美，适于养牛，是内蒙古自治区乌珠穆沁马、牛、羊的主要产区之一，历史上有扎格斯太牛、满都宝力格牛等地方牛种。

图 5-1-4　乌珠穆沁大草原

　　李俊雅团队综合考虑到母牛存栏头数、改良记录情况及工作配合积极性等多方因素，最终确定内蒙古乌拉盖地区为"肉用西门塔尔牛"（2018 年更名为"华西牛"）新品种培育基地。

　　"华西牛"培育工作起始于 1978 年，其培育过程经历了杂交探索阶段（1978—1993 年）、种质创新阶段（1994—2003 年）和选育提高阶段（2004 年至今）三个阶段。经过 43 年的杂交改良和持续选育，才最终形成了当前体型外貌一致、生产性能突出、遗传性能稳定的专门化肉用牛新品种——"华西牛"。

　　2004 年，李俊雅团队开始在那里组建"华西牛"育种核心群，在群内选择公牛开展横交固定，采用核心群、育种群和扩繁群三级繁育体系，将常规育种和基因组选择技术相结合，利用开放式育种核心群模式开展选育。

　　随着育种工作的深入，育种群规模不断扩大，先后有湖北荆门、内蒙古通辽、内蒙古赤峰、河南郑州、云南昆明、吉林长春、新疆等地区、场站加入"华西牛"育种体系，实施统一登记制度，开展全国范围的联合育种。

　　在"华西牛"的培育之路上，李俊雅团队遇上的第一个难题是，由于肉牛世代间隔长、繁殖效率低，且生产模式复杂、育种数据收集难度大，肉牛育种遗传进展缓慢。

　　从 2007 年参考群组建至今，该团队测定了生长发育、育肥、屠宰、胴体、肉质、繁殖等共 6 类 87 个重要经济性状，目前参考群体规模已达 3920 头，创建了肉牛全基因组选择分子育种技术体系，达到了国际先进水平，引领了我国肉牛育种方向。

　　育种初步成功后，李俊雅的团队又迎来了新的推广难题，即"华西牛"的育种群规模较小，严重制约了育种效率和育种进展。

　　从 2003 年起，团队与乌拉盖地区合作意愿强、群体稳定、育种基础好的 15 户养殖户建立了合作。2018 年，他们又在乌拉盖管理区成立了有 22 户成员的博昊良种肉牛繁育专业合作社，负责"华西牛"基础母牛群和核心牛群的管理，到 2022 年，全国"华西牛"核心场户达 41 家，联合育种企业总数达 60 余家，形成了"华西牛"联合育种模式。

　　如今，"华西牛"既适应我国牧区、农区及北方农牧交错带，也适应南方草山草坡地区。

耕读文化 教育教程

李俊雅介绍，成年公牛体重达 900 公斤，成年母牛 550 公斤以上，屠宰率 62.39%，净肉率 53.95%，平均育肥期日增重达 1.36 公斤，主要生产性能达到国际先进水平。

名人名言

在科学上，每一条道路都应该走一走。发现一条走不通的道路，就是对于科学的一大贡献。

——爱因斯坦

知识拓展

破解小麦"癌症"的基因密码

我国首次从小麦近缘植物长穗偃麦草中克隆出抗赤霉病基因 Fhb7，揭示其遗传和分子调控机理，为解决小麦赤霉病世界性难题找到了"金钥匙"，选育的新品种"山农 48"，已通过审定并大面积推广种植。转录因子 FgPacC 介导小麦赤霉病菌适应寄主高铁环境的表观遗传新机制，研究结果有助于深入理解病原菌寄主适应性的分子机制，并为赤霉病防控新策略的制定提供理论基础。

模块二

创新创业教育

前言导读

一成不变只有死路一条，变的关键在于创新。有产无业，经济不兴，社会也无发展，产业兴经济兴。创新创业教育是一种促进思维形成和能力提升的教育，在耕读指向现代农业发展的今天，耕读教育与创新创业教育是需要互相融合，培养学生具备创新创业思维和实践能力，提高综合素质和竞争力，助推农业现代化发展，实现乡村振兴，为社会的进步和发展做出贡献。

知识导航

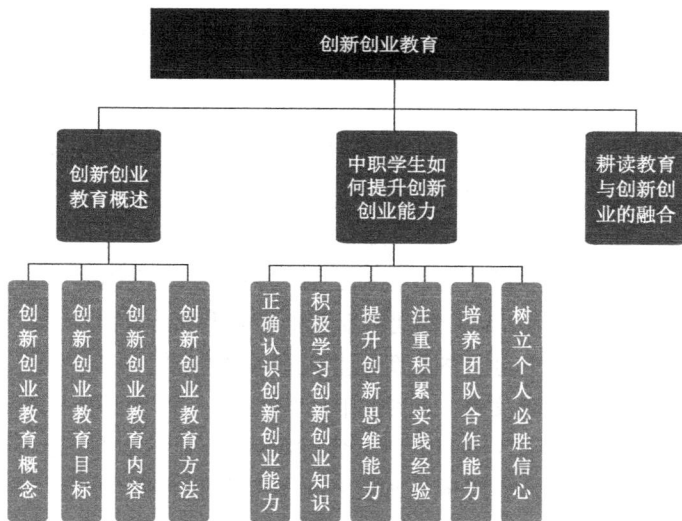

主体内容

创新创业教育概述

（一）创新创业教育概念

创新创业教育是指面向全体学生，注重培养学生创新精神、创业意识和创业能力，为学生终身可持续发展奠定坚实基础的综合性素质教育。其核心是培养学生创新精神、创业意识和创业能力，其宗旨是为学生终身可持续发展奠定坚实基础。

创新创业教育不是只针对极少数有创业潜质的学生，而是面向全体学生开展的技能性和综合性素质教育。

（二）创新创业教育目标

创新创业教育有两个层次目标：第一层次是唤醒学生创新创业意识，培养创新创业精神。第二层次是提高学生创新创业必需的综合能力，努力让学生成长为各行各业高素质人才。

（三）创新创业教育内容

创新创业教育以培养学生创新创业核心能力为主，围绕创新创业能力提升，创新创业教育内容主要包含四个方面。

1. 创新创业意识培养。包含引导启迪学生的创新精神和创新意识，使学生了解创新、创业的概念和关键因素，以及创新型人才的素质要求等，使学生掌握创新的内涵和精髓，掌握开展创业活动所需要的基本知识。

2. 创新创业环境认知。主要包含引导学生认知国内国际经济发展环境，认知行业企业面临的环境，了解创业机会，把握创业风险，掌握商业模式开发的过程、设计策略，规避创业风险等。

3. 创新创业能力提升。主要包含培养学生的批判思维、创新思维等，提升领导力、决策力、组织协调能力等各项重要素质，使学生具备一定的创新创业能力。

4. 创新创业实践模拟。倡导学生亲自参加体验并融入创建企业的每个步骤，模拟创新创业实践，开展评估商业市场、创建及管理企业流程、企业发展商业融资，以及管理创业风险等。

（四）创新创业教育方法

职业教育的基础是专业教育，在中等职业教育办学过程中，将创新创业教育有机融入专业教育之中，让二者互相渗透、互相促进和互相影响，是当前众多研究者和职业教育工作者的共同观点，也是众多职业院校开展创新创业教育的主要实践手段。

创新创业融合专业教育，主要从培养目标、课程体系、教学内容、师资队伍、实践基地和评价体系等六个方面系统融入，要求做到创新创业教育目标与专业人才培养目标融会贯通。构建由基础课程和实践课程组成的完整创新创业教育课程体系，并与专业课程体系融为一体，其中基础课程为创新创业知识普及课，必须面向全体学生，列为必修课程，而实践课程为创新创业能力锻炼提升课，要求融入专业创建特色课程，该种课程可以融入社团活动、竞技比赛等组织实施，可列为选修课程。要求教师自身首先要具备创新创业意识和能力，尤其是能教授学生的能力，在教学过程，要选取与专业发展结合密切的内容教学，也可结合学生专业教育的综合实习实训项目共同完成。

因此，中职学生接受专业教育的同时，已经同时在接受创新创业教育。此外，中职学生还需要积极将学习到的创新创业知识和技能借助各种平台实践和展示，如积极参加创新创业大赛、职业技能大赛、企业实习实践等活动。

中职学生如何提升创新创业能力

在新时代经济社会发展转型升级，大力发展新质生产力，促进高质量发展的大背景下，中职学生如何提升自己创新创业的能力，为自己终身发展奠定坚实基础，理应成为每名中职学生关心的话题。

（一）正确认识创新创业能力

中职学生自进入中职学校的第一天起，应该迅速进入"空杯"心态，因为中职阶段是相对于初中全新的一个阶段，是完全不同类型教育的阶段，也是人生成长历程中最关键的阶段。在这个阶段，中职学生接触到专业、了解到职业，并需要提升自己的职业素养。通俗而言，是需要学习社会知识和掌握社会谋生技能。"空杯"心态，更易让自己愿意接受学校和老师教授的知识技能，进入积极学习提升的状态。

创新创业能力是一个人专业技术技能的重要补充，是一个人终身持续发展的基础支撑能力，并且创新创业教育将覆盖全体学生，覆盖学生中职学习全过程，是中职人才培养质量的重要考核指标。

（二）积极学习创新创业知识

中职学生要积极参加课程学习，积极配合教师实施的创新创业教育，参与每一个教育环节当中。学习掌握创新创业知识，具备创新精神，树立创新意识，训练创新思维。积极培养健康的兴趣爱好，养成良好的学习观，积极养成自主学习习惯和能力，借助网络等平台，自主学习创新创业知识。积极参与项目实践锻炼，例如，开展市场调研、学习商业计划书撰写等。

（三）提升自己创新思维能力

中职学生应积极参加有关的竞赛、比赛、论坛等活动，培养创新思维和创业意识。例如，可以参加创意设计大赛、创业论坛等，开阔眼界、增强创新思维。

（四）注重积累社会实践经验

中职学生在校期间，鼓励参加学生社团、担任班团干等，积极参与组织策划学生活动等实践，还鼓励利用暑期、寒假等时间，参加社会实践、社区服务、社会体验等活动，积累社会实践经验，了解社会需求和行业状况，同时也可以拓展社会人脉资源。

（五）培养提升团队合作能力

中职学生在校期间，鼓励积极通过参加学生社团、兴趣小组等组织，通过参加这些组织的服务管理活动，积极锻炼自身团队合作精神，增加团结协作的能力。鼓励通过课外活动、技能竞赛等方式，培养自己的团队合作精神和领导能力。

（六）树立个人必胜信心

职业教育前景广阔，大有可为。三百六十行，行行出状元。学生应继承优良传统，与时俱进，认真学习，掌握更多实用技能，努力成为对国家有用、为国家所需的人才。职业教育高质量发展，可以让每名受教育者"人人皆可成才，人人尽展其才"。

自信心是个人成功所需坚强毅力和强大动力的源泉。中职学生可以通过积极学好专业和创新创业课程，参加课程实践、实训、实习等活动，掌握一些实践技能，寻找到自身在技术技能上的优越感和成就感，树立个个必胜的自信心。

耕读教育与创新创业的融合

通过研究中国传承数千年的农耕文明和耕读教育，人们惊奇地发现：耕读教育是随着农耕文明的发展而发展的，是必须立足于农耕文明而展开的。纵观中国数千年的农耕发展，没有哪一次的跨越发展不是在创新中实现的，生产工具如远古使用石器，再到使用铁器；生产动力从原始的人力，到传统的畜力，再到机械力甚至现今的人工智能……其中的关键便是人们不断"创新"，从而去改进生产工具，创新生产资料。因此，耕读教育是在不断的"创新"之中推动发展的。

耕读教育与创新创业教育融合，互相促进，相辅相成。

1. 创新创业教育促进耕读教育紧跟时代

现代耕读教育的目标是培养知农、爱农、为农人才。耕读教育要走出课程，走进农田，去感受农业耕作的艰辛，但也要了解，今天的农业，早已经有大量的科技成果在应用，是凝聚了无数科技结晶的农业，比如精准育种、全程机械化管理等。我国农业已经进入产业化发展阶段。所以说，必须将创新创业教育融入耕读教育当中，培养的知农、爱农、为农人才才能具备创新意识、创新能力和创业能力，适应现代农业的发展。从某种意义上来说，创新创业教育丰富了现代耕读教育，促进耕读教育的发展。

2. 耕读教育促进创新创业教育成果落地

创新创业教育是综合性素质教育，其教育效果的呈现需要一定的载体，耕读教育便是其最好的载体之一。依托具体载体的创新创业教育，学生能够将创新能力和创业技能在农业生产工作中量化展现。同时，创新创业教育特有的教育理念、思维、内容和方法，有助于促进耕读教育创新实施，提升耕读教育效果。

耕读故事

大学生返乡创业，助阵乡村振兴步履不停

王驰是一名 90 后，用他自己的话说，他是一个平凡人，可是平凡的他却有着不平凡的农业梦想。从陕西科技大学毕业后，他先是在一家世界 100 强外企工作，但在看到了农村发展的巨大潜力后，他毅然选择回到了老家周至，当起了一个"不走寻常路"的农民。

2015 年是王驰创业的起点，也是他接触农产品的第一年。当时他看到有乡党用冷冻的荠菜包饺子，便有了将秦岭荠菜销往外地的想法。在经过一系列市场调研之后，他率先选取了秦岭荠菜、野生洋槐花等投资小、竞争低的产品，并在周至县电商微商联盟的帮助下，将产品通过电商平台销售到了全国各地。

第一桶金的获取，让这位年轻人开始认真地审视自己的家乡：周至的乡下，农民们渐渐地老了，而他们种出来的优质农作物，却因为信息不对等出现滞销。如何让这些好产品走出家乡，帮助农民获得收益，也让远方的朋友尝到不一样的秦岭味道，成为了这个年轻人生活的主题。

于是王驰下决心成为一个真正的农民，2016 年起，他与志同道合的伙伴着手打造自己"不平凡梦想农场"，修建了五个瓜果大棚、一个花卉大棚，种植了十亩苗木、十五亩猕猴桃树和两亩果桑树。怎么卖出去，卖什么产品，怎么做到可持续输出，这三个问题也伴随着他成长为一个新时代农民。

加入周至县电商联盟，跟周至电商人一起交流电商创业心得，通过政府的帮助和自身的努力，王驰与团队们率先解决了怎么卖出去的问题。

　　而产品的选品与种植又是横亘在眼前的另一个问题。秦岭的特色季节性产品是电商渠道的一个重要组成，洋槐花、婆婆丁、香椿等，为他们吸引着来自全国各地的饕客。

　　猕猴桃、樱桃、水蜜桃、黑布林等周至特色农产品，则是团队的拳头产品，仅 2018 年一年，团队就帮助 5 户农户销售黑布林 8 万余斤左右，帮助 30 多户农户销售猕猴桃 65 万斤左右，为富余农村劳动力创造了超过 6000 小时的劳动机会，更帮助 15 人走上了水果电商之路。与此同时，"铁杆"客户数量增加到 1000 个，2019 年全年销售额 185 万左右，合作团队 8 个，活跃代理 30 个左右，5 个线下店铺。

　　在电商同步发展的同时，王驰积极参加农业农村局组织的高素质农民培训。经过学习了解，与团队尝试种植"童年味道"的西红柿——普罗旺斯。在周至县农业农村局相关部门的帮助下，他先后多次去西北农林科技大学学习种植技术，并把优秀的产品放上了扶贫超市，得到了消费者的认可。

　　现在，王驰已经是周至县电商联盟核心成员，并获得了首届西安市农村电子商务大赛创业组第一名，第二届西安市丰收节第二名，陕西省技术能手称号。对于这些荣誉他觉得自己有了更大的使命感和责任，他的目标是成为一个能帮助更多乡党、带动家乡发展的高素质新农民。

　　在国家政策带动下，当地涌现出来很多像王驰一样爱家乡、爱农业、爱学习的青年，他们用热情、真诚和智慧努力拼搏，在乡村振兴的道路上实现着自己"不平凡"的价值！

名人名言

　　创新是一种挑战，它是改变未来的力量。

——爱迪生

　　创基立业，一半靠运气，一半靠自己努力。

——林绍良

知识拓展

什么是空杯心态？

　　古时候一个佛学造诣很深的人，听说某个寺庙里有位德高望重的老禅师，便去拜访。老禅师的徒弟接待他时，他态度傲慢，心想：我是佛学造诣很深的人，你算老几？后来老禅师十分恭敬地接待了他，并为他沏茶。可在倒水时，明明杯子已经满了，老禅师还不停地倒。他不解地问："大师，为什么杯子已经满了，还要往里倒？"大师说："是啊，既然已满了，为什么还倒呢？"禅师的意思是，既然你已经很有学问了，为什么还要到我这里求教？这就是"空杯心态"的起源，象征意义是，做事的前提是先要有好心态。如果想学到更多学问，先要把自己想象成"一个空着的杯子"，而不是骄傲自满。

耕读文化 教育教程

主题实践活动————体验身边的农业科技

1. 感知古代劳动人民的勤劳和智慧，了解现代农业科学技术对农业发展的影响和改变，并与同学分享。

2. 参加劳动实践活动，体验传统劳动方式（锄头、铲子、水桶等）与现代农机耕作（微耕机、自动喷灌系统、植保无人机等），感受科技给生活带来的便利。

反侵权盗版声明

电子工业出版社依法对本作品享有专有出版权。任何未经权利人书面许可，复制、销售或通过信息网络传播本作品的行为；歪曲、篡改、剽窃本作品的行为，均违反《中华人民共和国著作权法》，其行为人应承担相应的民事责任和行政责任，构成犯罪的，将被依法追究刑事责任。

为了维护市场秩序，保护权利人的合法权益，我社将依法查处和打击侵权盗版的单位和个人。欢迎社会各界人士积极举报侵权盗版行为，本社将奖励举报有功人员，并保证举报人的信息不被泄露。

举报电话：（010）88254396；（010）88258888

传　　真：（010）88254397

E-mail：　dbqq@phei.com.cn

通信地址：北京市万寿路 173 信箱

　　　　　电子工业出版社总编办公室

邮　　编：100036